超人氣料理 **媽媽** 140+自由配！

便當店

今天減醣菜、明天造型餐、野餐也OK，
網路詢問度最高的美味便當食譜

推薦序

全家人的暖心便當

　　我認識的蘇菲是每天幫先生大白做便當的好妻子；曾經挑戰一次做 11 個便當，造福大白公司同事。這份愛的表現給足大白面子，讓人動容也令我佩服！

　　蘇菲是我的粉絲、也是臉友。她說是我的便當引領著她，給她鼓勵與啟發，當她腸枯思竭時，有靈感堅持下去。常看她分享幫兩位寶貝女兒做點心、幫腸胃弱的先生做便當的日常。每日充實且歡樂的發文深受我喜愛，這份亦師亦友的情誼，我很珍惜！

　　認真勤奮的蘇菲今日要出便當書了、走出自己的風格、青出於藍而勝於藍，為師甚感欣慰（笑）。

　　請大家多多支持蘇菲！

A Style お弁当日記 版主

Amanda

人生的每一步，都是最好的安排

從小到大做的每一件事，幾乎都跟料理沒任何關係。

媽媽不會讓我或弟弟妹妹進廚房幫忙，可能是擔心我們拿刀受傷、開火弄傷，畢竟廚房裡湯湯水水風風火火的，小孩子受傷好像是種必然的過程（笑）。所以即使媽媽再會煮，我在廚房裡做的事，卻都只是一直在偷吃媽媽做好的菜，或只是拿著大盆豆芽菜，在客廳邊配著電視、邊拔掉鬚根這樣的工作。

要說有什麼最相近的，可能就是上大學前在咖啡館打工，站在三明治區裡，切著麵包、裹片起司、夾片生菜、放片黑胡椒牛肉片、淋上沙拉醬，再看著吧台區的客人們，滿足的咬下三明治的瞬間表情。

那時候的我，並不知道未來的我有一天會開始喜歡做料理，甚至可以成為一個做料理的人。

後來我學的是設計，做的是網頁設計師，直到結了婚，才算是真正走進了廚房，成為一個手作料理者。

從老公大白每日吃食、孩子的副食品，到孩子長大了，為她們做甜點、烤雞翅、炒蔬菜；到為大白做午餐便當、早餐和晚餐。每日清晨進入廚房做便當、早餐，每日睡前清理廚房和為便當、早餐備料，成了我每日的工作。

直到後來有機會在網路上分享我做的料理，受到很多人的關注

和喜歡，才慢慢的有了與大家一起分享料理、分享生活、分享喜怒哀樂的機會，也才有了這本書的誕生。

這本書拍的、寫的，都是我平日在廚房裡，大大小小的日常生活。它們不是特別厲害的大菜，不是特別困難的手藝，但都是曾經出現在我們家的餐桌上、便當裡、野餐中、家庭盛宴上各式各樣的料理；曾經是讓孩子們吃得津津有味的早餐吐司；曾經是讓大白特別傳來訊息說好吃的便當餐點；曾經是我的飲食記憶和料理筆記。

更重要的是，我希望這本書裡的料理，能夠陪伴你／妳們，試著和十年前的我一樣走入廚房，不管是為了自己、為了家人、抑或是為了愛人而開始做便當、做料理。

我還記得我在買下第一本食譜書時，特別傳訊息給大白說：「如果我媽知道我買了食譜，打算要開始做菜的話，她應該會特別特別的感動吧！」

是啊！那個從小就沒什麼進過廚房的我，也有一天能夠在廚房裡做出許許多多不同的家常菜、西式料理、便當、義大利麵、烤雞、燒肉、燉肉等各種不同的菜色，而這些在廚房裡的料理實驗，就在這本書裡，盡可能以簡單不複雜的文字敘述和料理照片呈現，相信無論是初學者或料理老手，都能從中獲得一點什麼。

我想謝謝從小就一直放任我去做任何喜歡事情的爸爸媽媽，他們從來沒有阻止過我去嘗試做任何事，也沒有試圖去安排我的任何路。他們讓我順著自己的想法去學習、去前行、去嘗試、去勇闖。當我需要幫助時，他們給予協助和支持；當我需要休息時，他們給予避風港和枕頭；當我受挫時，他們會靜靜的聆聽我的難過和傷心。

謝謝每次吃我做的料理就浮誇式讚美我的女兒們，和默默吃掉便當來表達支持的大白。有你們在我的身邊，很多事都不難了。

人生中的每一步直到現在，我相信都有它最好的安排，現在是，未來也是。希望這本便當書能夠成為打開這本書的你／妳，一個走進廚房的契機。

就是現在，翻到那一頁，去採買食材，然後做出你／妳心中最好的料理吧！

蘇菲

目錄

1 經典便當快速做

2 飽滿人氣便當

3 低醣健康便當

4 可愛造型便當

5 早餐野餐便當

6 暖心湯品

7 常備菜

{ 各種做便當的工具和調味料 }

計量方式

　　本書調味計量方式以大匙、小匙、茶匙及公克（g）、毫升（ml）做為計量的標準。

　　實際的製作調味，可依個人習慣及口味，去做適量的調整和分配，才能達到個人最佳料理風味。

大匙
15ml

小匙
5ml

茶匙
2g

便當盒

　　我會依據不同的狀況，而使用不同的便當盒，例如天氣很冷時，我會用在公司可以微波加熱的陶瓷便當盒、矽膠便當盒、塑膠便當盒；湯品的話就放在寬口保溫杯裡，並且好好交待先生要將便當加熱再吃；天氣熱的時候，我會盡量幫他帶冷便當，使用的便當盒，除了陶瓷便當盒、矽膠便當盒和塑膠便當盒之外，還會使用木製便當盒、鐵製便當盒（可進電鍋加熱，但無法微波加熱），讓他在吃午餐時可以吃到最好吃的料理便當。

可折疊矽膠便當盒

可折疊的矽膠便當盒能縮小體積放進書包或是公事包，攜帶方便，即使是外出裝外賣便當也很適合。這類便當盒通常盒身輕巧柔軟，上蓋密封，讓帶便當時更放心。小巧可折疊的矽膠便當盒用來裝水果也很合適，帶便當時有一份水果可吃，也能補充需要的營養喔！

優點 重量輕、盒身可微波加熱、上蓋可完全密封較不易流出湯汁、可折疊、攜帶十分方便。

缺點 盒身較軟容易變型、清洗時需費點功夫才能將油漬洗淨、不適合裝味道較重的料理。

塑料便當盒

使用最為廣泛的塑料便當盒，材質輕、價格親民，是屬於較好入手的便當盒，但仍要考量在使用上與平日飲食是否合適，像是較重油重鹹的料理，就比較不適合使用塑料便當盒，以免因為料理風味過重而殘留氣味。

優點 重量輕、盒身可微波加熱、上蓋可完全密封較不易流出湯汁。

缺點 清洗時需費點功夫才能將油漬洗淨、不適合裝味道較重的料理。

金屬便當盒

無論是不鏽鋼材質或是鋁製、琺瑯質的便當盒，都不能進入微波爐，因此若是帶便當族群，在選擇上可能要稍微考慮一下。若是不考慮微波的話，304 或 316 不鏽鋼便當盒很推薦用來帶便當，不僅重量輕、也可以進電鍋加熱，若是不加熱的話，吃冷便當也很適合。鋁質便當盒雖然漂亮輕量，但有不耐酸的缺點，較需注意放入的料理。

優點 重量輕、可以電鍋加熱，若是學生使用則可放入學校蒸籃，十分耐用。

缺點 不能用於微波爐、價格因品牌不同而有較大價差。

陶瓷便當盒

近來我較常使用的是陶瓷便當盒,現在有許多廠商都將陶瓷便當盒做得非常好看,它不只耐用,而且還很好清洗。溫潤的手感也是讓我執著於陶瓷便當盒的主因,雖然它的確是比較重,但是在使用上只要不碰撞,幾乎不太有什麼狀況。

優點 質感佳、好清洗,手感溫潤,可微波、電鍋加熱,很方便。

缺點 不耐碰撞、重量較重,比較適合大人使用。

保溫便當盒

我使用的是從女兒吃副食品時一直用到現在的小保溫杯,冬天時天氣冷,帶一個可以保持溫度的保溫杯裝碗熱湯,在吃便當的時候有杯熱湯能喝真的很幸福。後來陸續購入保溫的便當盒,有時候裝熱咖哩、有時候裝一點熱麵食,很適合冬天。

優點 保溫性佳,可以讓熱食在密閉的保溫罐裡持續維持溫度。

缺點 各個品牌的保溫便當盒或保溫罐,可保溫時間都不一樣,在挑選上需要多加注意。

木製、竹製便當盒

木製便當盒的使用其實很廣泛，但有些人不太了解它其實不能進微波爐微波，或是將木製便當盒隨意存放，造成發霉而無法使用。除去這些，木製便當盒是在夏天很好使用的便當盒。

優點 重量輕、手感好、有絕佳抗菌能力；形狀多變、造型好看好拍，使用時可以依照不同的木材材質而有淡淡香氣。

缺點 無法進微波加熱，保存不當容易發霉，需要注意。

各種便當小工具

鑷子、夾子

在製作便當時，一把手感好、前端尖銳，可以將菜餚好好夾進便當盒裡的夾子是很需要的。因為便當通常在中午時才會食用，所以應該盡量不要用手來觸碰料理，以免手上的細菌進入料理中，並吃進肚子裡。

牙籤

牙籤可以使用在沾附造型便當的小型海苔上，先用牙籤末端沾點水，在沾附海苔後，放在造型飯糰上，有時候比鑷子更好使用。

矽膠配菜盒

在便當盒裡，除了用來將料理分隔的便當分隔板外，有時候也需要藉由配菜盒來盛裝有一些醬汁的料理，料理和料理間分隔，也可以避免吃便當時料理的彼此影響喔！

便當中使用的調味料

鹽

鹽，一定是我廚房中絕對不可或缺的。我所使用的是日本的「天日鹽」，鹹度適中不會過鹹，尾勁還有淡淡的甘味。

另外使用的是現磨玫瑰鹽，通常用於海鮮、肉類料理，平日製作沙拉時亦經常使用。

糖

料理中有時需要一點點的甜味來平衡鹹度，二砂糖應該是最廣泛被使用在料理中的糖類。近年來因為減醣需求，而將家中常用的二砂糖置換為椰糖，以降低在日常料理中吃進過量糖份的危機。

油

大家可以依照個人喜好而使用不同的油品,一般我所用來煎、炸、炒、煮的是純橄欖油,而用來拌蔬菜、生菜的則是冷壓初榨橄欖油。

若是因為怕胖而不使用油脂就太可惜了,適量食用好的油脂也能讓身體感覺舒服,不那麼辛苦喔!

醋

平時我用得最多的是蘋果醋和烏醋,蘋果醋的甜味較白醋為重,用來醃漬比較不會過酸,孩子們也比較可以接受;烏醋的使用則是用於麵類或燉煮料理,添加了烏醋燉煮的料理,吃起來柔軟可口,孩子接受度超高!

另外,在西式料理中比較常用的巴薩米可醋,同時融合了酸味和甜味,好的巴薩米可醋只需要一點點的量,和冷壓初榨橄欖油拌在一起,就能成為風味極佳的沾醬,是我們家常用的料理調味品。

醬油

我所使用的醬油種類較多，各種品項的醬油都有不同的風味，大家可以依照自己的預算來購買。我較常用的有味道較淡，用來拌菜、滷肉都比較不搶味的白蔭油，還有成份相對較單純的純釀黑豆醬油。

味噌

味噌的品牌繁多，主要分別是赤味噌和白味噌，我平時使用的是放入湯中有淡淡風味的白味噌，用來醃魚、煮湯、醃肉，都有很棒的風味。品牌不拘，選擇適合的風味即可。

鹽麴

自從認識鹽麴後，這個萬用調味料的重要性，真的就僅次於我家的鹽罐和糖罐了。鹽麴有軟化食材的效果，用來醃肉、醃魚都很適合，有時候炒菜拌菜時覺得想要變化一點口味，只要加入鹽麴就可以增加風味，非常方便。每一款的鹽麴鹹度都不一樣，大家買回鹽麴後記得先嚐過鹹度後再用。

味醂

味醂是在料理中很重要的甜味來源之一，像是照燒、調料，有時候少了味醂還真的是少了一個風味。我會在醬料中加入味醂，以減少糖的份量；在湯裡加一點點味醂也能夠讓風味平衡，湯更好喝。

常用的日式燒肉醬

便當裡的肉類醃漬除了使用一般調味料之外，我也常利用一些市售的、風味很好的醬料來製作。Costco 可以買到日式祕傳燒肉醬，用來醃肉、拌炒都很適合，只要一點點用量就很有滋味；全聯買得到的黃金の味燒肉醬用來醃雞腿排、肉排也很適合，節省不少製作時間。

常用的軟管蒜泥

要自己研磨蒜泥雖然不難，但是在保存上可能需要尋找適合的盒子、將蒜頭剝皮整理的時間，有時候真的來不及做卻又需要蒜泥時，這款軟管蒜泥可以幫上大忙，冰在冰箱裡拿取也方便，十分適合忙碌的煮婦。

｛ 食材處理跟著做就能大大省時 ｝

從傳統市場買回的生鮮蔬菜

　　從傳統市場買回來的生鮮蔬菜大都是裸裝蔬菜，優點是在塑膠袋的使用上，我們可以選擇用自己帶去的購物袋裝，既美觀又環保。而在帶回來的生鮮中，我最常購買的是生鮮豬肉和大量的蔬菜，蔬菜在買回家後，可以利用家中常備蔬食保鮮袋包裝。

　　買回來的蔬菜，若是近兩天需要食用的食材（例如紅蘿蔔或是白蘿蔔），可以先依照需求做食材的前置處理，以備不時之需；而像是生鮮肉類，則依照煮食需求切塊或切絲分裝冷凍。

將蔬菜以保鮮袋包好。

食材處理後放入保鮮盒、標好日期，並送進冰箱冷藏，才不會錯亂。

從美式大賣場買回的生鮮蔬菜

　　從美式大賣場買回的生鮮蔬菜，大多是包裝份量較大的商品，因此買回後務必要先做好分裝的工作，例如：大份量的豬肋排、大份量的牛肋條……都應該先行分裝成一餐約 300 ～ 500g 不等的份量，以供應家中一餐的需求。

買回來的大量肉品和蔬菜

使用電子秤和保鮮膜，將食材秤好一餐重量後，再裝入大的夾鏈袋送進冰箱冷凍。

- 夾鏈袋皆可洗淨後重覆使用。
- 若有真空機則可增加食材的保久度。

從網路通路買回的生鮮蔬菜

網路購物真的是家庭主婦最要好的朋友了！

從網路上尋找商家或是團購時，請記得一定要確認是否為可信賴的店家，並且嚴格要求品質。我大部份會從網路上購入已冷凍的生鮮肉品和海鮮，以及實體通路較為少見的調味料。有些店家真的很兼顧品質及送貨速度，讓煮夫煮婦們都能安心購買。

網路通路購入的生鮮因為已經包裝完成，所以可以直接放入冷凍庫內，但務必要記得到期日，以免冰入冷凍庫後直接遺忘它們了。

真空包裝的冷凍產品都可以直接連包裝泡水退冰，在使用上會更方便，若是一早來不及做便當菜，退冰後直接加熱非常省時。

從一般超市買回的生鮮蔬菜

　　中小型賣場由於據點多、離家近，商品亦豐富齊全，也有值得信賴的食品標章，通常去一趟就可以順利的買回所有需要的食材，非常方便。若在做便當的前一晚，發現有需要的食材短缺時，是很棒的去處。

買回來的肉品可以先依照每一餐的需求分為小包裝。

{ 帶便當注意事項 }

前晚的準備

　　帶便當那天一大早若是想要順利的進行便當工作，最適合的方式就是在前晚先想好菜單，並且將所需要的食材先放至冷藏室退冰，如此一來才能夠在隔日有條不紊的處理。

你可以：

1. 先想好隔日便當的菜單。
2. 將需要的主食材或副食材從冷凍庫裡移至冷藏室。
3. 將隔日便當裡需要使用的蔬菜先切好裝盒，以節省隔日便當備料的麻煩。
4. 冰箱裡有貼上標好日期標籤的常備菜，隔天就能使用。

烹調時的工具

　　在思考菜單時，可以同時思考在廚房裡能運用的器具有哪些。

　　就像我的廚房裡有微波爐、氣炸烤箱、瓦斯爐，有時候還可以加入電鍋，利用各種烹調工具來進行一早的便當工作，可以讓自己在早晨裡更輕鬆一點。設計菜單時可以不用全都使用瓦斯爐來炒或煎，可以分配主菜利用氣炸烤箱烘烤，而配菜 1 只需汆燙並且拌醬、配菜 2 可以利用常備菜以微波爐加熱、配菜 3 則利用多格的鍋具處理煎或炒製小量的配菜，如此一來才能在早晨省下時間。

你可以：

1. 利用不同的廚房器具，可以讓早晨的備料工作事半功倍，也能省時省力。
2. 週末時可以利用一點點的零散時間，先將買回來的食材分裝、分類。若是心裡對於料理已有了想法，可以先將食材半醃漬後冷凍，並且在烹調時使用不同的器具，讓料理過程更方便。

美麗便當的填裝分解

裝便當不就是把飯和菜都放進便當盒裡，裝起來就好了嗎？

不不不！打開便當時看到美麗的便當內容，更能夠引起食慾、更能夠讓吃便當這件事變得更有樂趣！

填裝便當有時候就像是一個拼圖遊戲，在製作料理時，我會先在腦中建構整個便當的模樣，確認料理的甜、鹹、酸、鮮，該如何分佈；確認在便當中裝入的主食、配菜內容是什麼；接著思考整個便當要呈現出什麼樣子。但主要的原則還是很簡單的：大面積料理先放→小面積料理後放→增補空隙空間的料理→粉類及香鬆等調味料最後裝飾。只要依循這個方式，一定可以做出美麗的便當。

1 先放入主食

無論是飯或麵，面積最大的主食放好後，比較方便安排後面的料理。將飯疊出高低落差，可以讓料理放置時有一個底座，後續料理不會看起來塌塌的。

2 分隔擺飾

藉由紫蘇葉、竹葉的分隔，可以讓料理的味道和主食分開，就像分隔餐盒一樣的功能。竹葉防腐、紫蘇葉可食，皆是分隔好選擇。

3 放入主料理

主料理通常面積較大，所以可以先放置，肉類、魚類等主料理請在放冷後再放入便當喔！

~~~~~~

4 加入配菜

配菜通常會在一個便當裡有畫龍點睛的角色，一朵花椰菜、一些炒香菇、一顆乳酪球等，只要搭配好顏色就可以。

~~~~~~

5 加入配菜 2

配菜的分配可以依照當日菜餚來放置，例如這天的便當裡有黃色的水煮玉米，搭配炸牛排和蔬菜，很有牛排館吃飯的感覺。

6 空隙增補

體積最小的料理，可以依照便當實際擺放情況，塞進便當的空隙裡。

7 小型料理裝飾、色彩增艷

若有醋漬櫻桃蘿蔔或是蘿蔔花、小黃瓜等顏色鮮豔的料理，可以放在便當中增色，引發食慾。

8 最後點綴

最後撒上適當的粉類裝飾，可以讓便當料理更有層次，看起來更豐富舒服。

｛ 填補空隙的小型料理製作 ｝

　　做完便當時會發現，便當裡有些地方看起來空空的、沒有顏色填補，感覺起來好像少了什麼時，我就會利用製作時間的空檔做一些小小的配菜，不用多花時間，只要用冰箱裡現有的食材就能完成了。

櫻桃蘿蔔刻花

作法／

1. 將櫻桃蘿蔔上端用刀劃出十字，轉向再劃一次十字。

2. 用食物雕刻刀在刀痕下方劃出痕跡即可。

蘿蔔刻花

作法／

1. 將白蘿蔔及紅蘿蔔分別切成 1 公分左右的圓片後，以花型模具壓模。

2. 在花瓣與花瓣的中間劃一刀淺淺的刀痕。

3. 用刀將刀痕與刀痕間的蘿蔔橫向下切至另一片花瓣處，取下切除的紅蘿蔔即可。

番茄小愛心

作法／

1 將小番茄從中斜切。

2. 上下對調後叉入小叉子固定即可。

蛋皮花

食材／蛋 1 顆、太白粉 1 茶匙、水 30ml

作法／

1. 將蛋打入攪拌盆中，加入 1 茶匙太白粉及水，攪拌均勻。

2. 將步驟 1 倒入已塗過薄油並燒熱的玉子燒鍋裡舖平，小火燜熟蛋皮。

3. 將蛋皮小心倒出後，去掉邊緣不平整之處，把蛋皮切成兩半。

4. 在蛋皮中間依等距畫出一痕一痕的刀痕後捲起，再用叉子叉住即可。

5. 另一款蛋皮則是以劃45度角橫切的方式劃刀，接著捲起後，再用叉子叉住即可。

火腿花

作法／

1. 將市售火腿片對半折，在折邊依等距畫出一痕一痕的刀痕後捲起。

2. 以叉子叉住接縫處即可。

竹輪捲捲球

作法／

1　將竹輪切半。

2. 其中一半的竹輪切兩刀分成三邊。

3. 將竹輪用編織三股辮的方式處理。

4. 捲成小球後用小叉子固定即可。

小黃瓜捲捲

作法／

1. 將小黃瓜用刨片器刨成薄片。

2. 小黃瓜由一端捲向另一端，叉入小叉子固定即可。

小黃瓜蝴蝶結

作法／

1. 小黃瓜以刨片器刨下薄片三片。

2. 將左右兩邊小黃瓜對摺相對。

3. 中央用薄片小黃瓜圈起後，叉上叉子固定即可。

｛ 五款常備醬料 ｝

醬料在便當裡的重要性真的不亞於食材，只要有好醬，再平凡的便當吃起來也能饒富風味。這裡介紹五款我們家常備的醬料，酸甜黑醋醬汁和日式照燒醬因為在製作肉類料理時常用，所以做好後冰在冰箱裡，用來醃肉、炒肉或是煎魚時加一小匙都適合；另外三款是沾醬，辣味墨西哥風味醬是吃美式料理的好幫手；白芝麻核桃醬香氣濃厚，拿來當吐司塗醬或是沾蔬菜吃都可以；中濃漢堡醬可以搭配調味單純的肉類一同品嚐，尤其與漢堡肉特別搭配，可以常備在冰箱裡。

保存期間

約 4～5 日內用完，務必放冰箱冷藏。

辣味墨西哥風味醬

這款墨西哥風味醬，用於沾蔬菜、和漢堡一起吃、甚至用來製作義大利麵都十分適合。辣中帶酸的味蕾饗宴，即使是和舒肥雞胸肉一起吃也好搭！

食材／洋蔥 50g(擠掉水份)、番茄沙司 300g（一罐）、墨西哥辣椒 60g、墨西哥香料粉 13g、辣椒粉 1g、Tabasco 5ml

作法／
1. 將洋蔥切成小丁後，用紗布包裹並用力擠出水份，再將洋蔥丁放入攪拌盆中；墨西哥辣椒去除水份後切末。

2. 在攪拌盆裡放入步驟 1 及其他所有食材一同拌勻。靜置於冰箱一晚入味滲透即可。

約 4 ～ 5 日內用完,務必
放冰箱冷藏。

酸甜黑醋醬汁

此款黑醋醬有著淡淡的蘋果香氣,用來醃肉後再煎
非常適合。醃肉時,黑醋獨特的酸味滲入肉裡,可
以讓肉品有著獨特風味;而做為炸雞拌淋醬時,加
入少許太白粉拌勻,可增添炸雞包覆的風味。

食材／黑醋 2 大匙、蘋果醋 1 大匙、米酒 1 大
匙、蘋果泥 3 大匙、味醂 1 大匙、水 1
小匙

作法／將所有食材混合攪拌即可。

約 2 週內用完,務必放冰
箱冷藏。

中濃漢堡醬

這款醬料因為用了紅酒,所以有淡淡紅酒香氣,經
由微溫煮至融合的醬料嚐起來風味濃郁,和漢堡肉
很適合,建議在做漢堡排便當時,將此款醬料另外
放置於醬料盒中,一同搭配食用。

食材／中濃醬 1 大匙、番茄醬 1 大匙、糖 1 大
匙、味醂 1 大匙、醬油 1 小匙、紅酒 1
大匙、李派林醬 1 小匙

作法／將醬料放至小鍋中煮至融合黏稠即可。

約 4 ～ 5 日內用完，務必
放冰箱冷藏。

日式照燒醬

照燒醬的使用範圍很廣，無論是肉類或魚類都很適
合，可以用來醃漬、燒製。使用最廣的是用於雞腿
或雞翅，醃過此醬的肉類吃起來都柔嫩好吃，非常
百搭！

食材／醬油 2 大匙、米酒或清酒 2 大匙、味醂
　　　2 大匙、糖 1 小匙

作法／將所有食材混合攪拌即可。

保存期間

約 1 週內用完，務必放冰
箱冷藏。

白芝麻核桃醬

此款醬料吃起來是細緻綿滑的花生醬口感，核桃含
有豐富的維生素 C、維生素 B，更被稱為抗氧化之
王；白芝麻內含的維生素 E、鈣和鎂，也是很好的
營養素來源。這款醬料可以用汆燙蔬菜沾取來吃，
或是塗在吐司上吃，都是很好的食用方式。

食材／無調味核桃 60g、白芝麻 15g、植物油
　　　50ml、椰糖 30g、白醬油 30ml、麻油
　　　5ml、水 50ml

作法／將所有食材放入食物處理器中，攪打成
　　　細緻泥狀。

1
經典便當快速做

有些時候，經典的就是最好吃的！

小時候媽媽的炸排骨，就是特別有滋味、特別的香；
媽媽滷的雞腿，那是一個香氣四溢、魂牽夢縈的好滋味；
媽媽煮的咖哩百吃不膩，吃再多天都可以；
媽媽做的炸雞，不油不膩，比外面賣的好吃太多了！

也或許就是這種經典的滋味，令異鄉遊子每每憶起總想複製，
我們的生活中雖然不是總和家人在一起，
但經典好吃的風味，卻是一做就能甜上心頭的回憶。

三色丼

從最基礎開始，百吃不厭的三色丼便當！

一開始知道有這麼百搭好吃的三色丼便當時，我也覺得很神奇。

畢竟像這樣的一個便當裡，直接就有蔬菜、澱粉、蛋白質，

可以滿足一餐的營養需求，藉由不同的搭配，可以讓每一次吃都有不同感受。

不用特別拘泥於單一形式的組合，只要開心的隨意搭配，都很好吃喔！

牛奶雞蛋鬆

食材

雞蛋 2 顆
牛奶 2 小匙
鹽 1 小撮
美乃滋 5g

作法

1 將雞蛋打入攪拌盆中，加入牛奶、鹽和美乃滋，仔細攪拌均勻。

2 鍋中放入少許油，倒入蛋液後持續拌炒至呈現碎屑形狀即可。

珠蔥雞蛋鬆

食材

雞蛋 2 顆
珠蔥粒 10g
日式高湯 1 大匙
糖 1 小匙
美乃滋 5g

作法

1 將雞蛋打入攪拌盆中，加入高湯、珠蔥粒、糖和美乃滋，仔細攪拌均勻。

2 鍋中放入少許油，倒入蛋液後持續拌炒至呈現碎屑形狀即可。

玉米炒雞蛋鬆

食材

雞蛋 2 顆
日式高湯 1 大匙
罐頭玉米 1 大匙
鹽 1 小撮
美乃滋 5g

作法

1 將雞蛋打入攪拌盆中，加入日式高湯、罐頭玉米粒、鹽和美乃滋，仔細攪拌均勻。

2 鍋中放入少許油，倒入蛋液後持續拌炒至呈現碎屑形狀即可。

味噌雞絞肉鬆

食材

雞胸肉 1 片
味噌 1 大匙
醬油 1 大匙
蒜泥 1 小匙
糖 1 小匙
油 1 大匙

作法

1 將雞胸肉以食物處理器絞至細碎後，拌入味噌、醬油、蒜泥、糖，攪拌均勻。

2 鍋中倒入 1 大匙油，放入步驟 1 的食材炒至上色，並香氣四溢即可。

食材

豬絞肉 200g
蒜末 1 大匙
鹽麴 1 大匙
糖 1 小匙
醬油 1 小匙
油 1 大匙

作法

1 將豬絞肉放入攪拌盆中，拌入鹽麴、糖和醬油攪拌均勻。

2 鍋中放入少許油，蒜末炒香後，加入步驟 1 的食材，持續拌炒至香氣四溢後即可。

鹽麴豬肉鬆

鹽漬鮭魚肉鬆

食材

鹽漬鮭魚 4 片
糖 1 大匙
油 1 大匙

作法

1 將鹽漬鮭魚去除魚刺後備用。

2 鍋中放油加熱，將鹽漬鮭魚表面略微擦乾後放入香煎，並持續撥鬆魚肉。

3 將鹽漬鮭魚的魚皮先取出，在魚肉鬆裡撒上少許的糖中和風味，拌勻即可。

蒜炒四季豆

食材

四季豆 1 把
蒜頭 4 顆
鹽 1 小匙
糖 1 小匙
水 2 大匙
油少許

作法

1 四季豆剝除頭尾及粗絲後，斜切成小段；蒜頭去除薄膜後切片備用。

2 鍋中放入少許油、蒜片拌炒後，加入斜切成小段的四季豆拌炒。

3 加入鹽和糖，及 2 大匙的水，持續拌炒至熟即可。

風味汆燙青椒絲

食材

青椒 1 顆
醬油 1 小匙
蒜泥 1 小匙
鹽 1 小匙

作法

1 青椒去除蒂頭，順著青椒邊下刀，剝開後去除白膜和籽。

2 將青椒切成細絲。

3 在滾水鍋中放入鹽巴，加入青椒絲汆燙至熟，取出後拌入醬油和蒜泥即可。

食材

蘆筍 1 小把
鹽 1 小匙
糖 1 小匙
昆布粉 1 小匙

作法

1 將細蘆筍洗淨後切段備用。

2 在滾水鍋中放入鹽巴，加入蘆筍汆燙至熟，取出後拌入鹽、糖及昆布粉拌勻即可。

汆燙鹽味蘆筍

香煎鯖魚便當

每每在餐廳吃到外層香酥、內裡柔軟的魚，總是會想在家複製出相似的風味，

身為澎湖女兒愛吃魚、會吃魚、又把吃魚當成最重要的大事，

在媽媽的指導下，總算能夠做出幾分相似的風味了。

市售的薄鹽鯖魚都有微微的鹹度，只要稍微以料酒醃過，

在煎魚前把魚身擦乾、把握火候，讓魚身酥脆，就能得到漂亮的魚片！

香煎鯖魚

汆燙青花菜 P.204

奶油炒紅蘿蔔 P.206

味噌蒜香拌毛豆 P.213

珠蔥蟳味棒玉子燒 P.186

食材

市售薄鹽鯖魚一片
米酒適量

作法

1 在鯖魚上以刀子刻出漂亮的菱型後，淋上適量的
米酒醃漬 10 分鐘。

2 將鯖魚以廚房餐巾紙輕微壓乾後，以皮面向下放
入鍋中香煎 2 分鐘後，翻面續煎 3 分鐘至熟，即
可取出。

TiPS 煎魚之前先以刀子交錯劃出菱形格紋，是這個便當看起來更漂亮的方式。打開
便當時，看到如同日料店一般烤得香氣四溢的鯖魚，就是舒服！

漢堡排便當

若有什麼料理是孩子們會一直點餐的，應該就是漢堡排了吧！
藉由瘦牛絞肉和肥豬絞肉搭配組合，
牛絞肉提供口感、豬絞肉提供油脂、麵包粉和牛奶提供適當的飽足感，
即使是只吃漢堡排也很滿足！

日式漢堡排

巴薩米可醋烤小番茄 P.198

油漬鮮菇 P.219

汆燙青花菜 P.204

海苔玉子燒 P.183

食材

牛絞肉 200g
豬絞肉 200g
麵包粉 30g
洋蔥 ½ 顆
牛奶 50ml
蛋 1 顆

調味

現磨玫瑰鹽適量
黑胡椒粉適量
第戎芥末子 10g

作法

1　將麵包粉放入牛奶中泡軟；洋蔥去皮後切成小丁。

2　將洋蔥丁放入小鍋中炒至焦糖色（約 10 分鐘左右），取出放涼備用。

3　攪拌盆中放入牛絞肉和豬絞肉，拌入步驟 1 和 2 的食材後，打入一顆蛋，加入調味後仔細拌勻。

4　取適量肉餡，在手上左右拍打成圓餅後，在肉餅中間壓一個小凹洞，入鍋煎至表面上色後翻面續煎，加入少許的水加蓋燜熟即可。

3

4

醬料

中濃醬 1 大匙、番茄醬 1 大匙、糖 1 大匙、味醂 1 大匙、醬油 1 小匙、紅酒 1 大匙，將醬料放至小鍋中煮至融合黏稠即可（若沒有紅酒，可以李派林醬料取代）。

 一次多做一些漢堡肉餅起來，用保鮮膜包覆後冰在冷凍庫裡，若隔天要做漢堡排便當，只要先移至冷藏室退冰即可。

日式咖哩便當

在孩子們還小的時候，我曾經唸給她們聽《怎麼吃都吃不完的鬼咖哩》
這本認識蔬菜的繪本。
後來每次煮咖哩時都是一大鍋，我總是笑稱我們家有小狐狸師父，
總是煮好多咖哩，怎麼吃都吃不完。
但孩子們一樣喜歡媽媽煮的咖哩勝於外賣的咖哩，
因為只有媽媽的咖哩會加她們最愛的蘋果，甜甜蜜蜜的，永遠不膩。

涼拌風琴小黃瓜 P.217

歐姆蛋包 P.50

汆燙秋葵 P.201

蘋果牛腩咖哩飯

食材

牛腩肉 400g
厚煙燻培根 ½ 條
中型蘋果 2 顆
紅蘿蔔 1 條
小型洋蔥 2 顆

調味

咖哩塊 ½ 盒
黑巧克力 20g

作法

1 厚培根切約 1 公分厚片、牛腩肉切大塊、蘋果不削皮去籽後切塊、紅蘿蔔削皮後滾刀切塊、洋蔥去皮後切塊備用。

2 鍋中放少許油，先以厚片培根放入鍋中煸出香氣後，加入牛腩肉一同煎香，煎至焦香斷生後，放洋蔥一起炒香炒軟，再加紅蘿蔔和一半的蘋果一起拌炒。

1

2-1

2-2

2-3

49

3 放入剛好淹過食材的食用水，大火煮滾後撈除浮沫，再加蓋燉煮 30 分鐘，
開蓋加入剩下的蘋果。

4 加入咖哩塊融化，再放黑巧克力，加蓋燉煮 5 ～ 10 分鐘即可。

TiPS 咖哩中放入一點點黑巧克力，可以讓咖哩帶有一點濃醇風味，非常適合！

(歐姆蛋包)

歐姆蛋包的作法很簡單，只要在一顆蛋裡加入一點點牛奶和鹽、蜂蜜，拌勻
後倒入 20 公分以下的小鍋子裡，做成蛋包就好。最適合咖哩飯的口感則是
中間柔軟半熟的蛋包，可依照個人需求和喜好來改變蛋的熟度喔！

唐揚雞肉便當

孩子們最喜歡的便當，一定就是它了！
醃得醬香入味的雞腿肉，成了炸得香酥脆口的炸雞塊，
不管怎樣，媽媽做的總是特別好吃！
有做唐揚的日子，孩子們就能夠吃上好多碗飯呢！

醬香薑味唐揚雞肉

涼拌風琴小黃瓜 P.217

炸玉米竹輪 P.197

韓式涼拌黃豆芽 P.218

食材

去骨雞腿肉 1 大塊
薑 10g
蛋 1 顆
太白粉適量
炸油適量

調味

醬油 2 大匙
糖 1 大匙

作法

1 將去骨雞腿肉去除多餘的油脂、粗筋後，切成大塊；薑磨成薑泥。

2 在攪拌盆中放入調味料、薑泥、蛋，混合均勻後，加入雞腿肉塊醃漬半小時。

3 取出醃漬好的雞腿肉塊，將肉塊和太白粉一起放入食物保鮮袋中搖，使其均勻沾附太白粉。

4 取一鍋子放入適量的炸油，以 170 度中溫將雞腿肉塊炸至熟成即可。

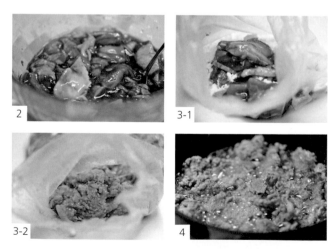

2

3-1

3-2

4

TIPS 前晚先醃好肉，隔天一大早只要從冰箱裡取出裹粉油炸就好了，很方便！

鹽味蒜香唐揚雞肉

炸玉米竹輪 P.197

柚子醬蜂蜜煮紅蘿蔔 P.206

鹽麴拌三色蔬菜 P.200

食 材

去骨雞腿肉 1 大塊
蒜頭 3 瓣
蛋 1 顆
太白粉適量
炸油

調 味

鹽 1 小匙
糖 1 小匙

作 法

1 將去骨雞腿肉去除多餘的油脂、粗筋後，切成大塊；蒜頭磨成蒜泥。

2 在攪拌盆中放入調味料、蒜泥、蛋，混合均勻後，加入雞腿肉塊醃漬半小時。

3 取出醃漬好的雞腿肉塊，將肉塊和太白粉一起放入食物保鮮袋中搖，使其均勻沾附太白粉。

4 取一鍋子放入適量的炸油，以 170 度中溫將雞腿肉塊炸至熟成即可。

2

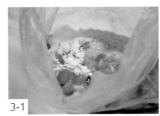
3-1

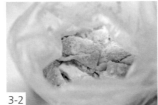
3-2

4

媽媽的滷雞腿便當

之前隻身上台中讀書時，想要吃媽媽做的料理實在是很難，只好打電話回家問東問西，
什麼料理要怎麼煮、要加什麼料，才能夠做得像媽媽一樣那麼好吃？
媽媽的料理沒有文字食譜，我只能從媽媽的話語中得知料理內容，
談著談著，總會想回家、想抱抱媽媽。
滷雞腿就是這樣寄情著思念而做出來的料理，除了味道、還有濃濃的思念。

五香滷雞腿

香菇炒高麗菜

食材

棒棒腿 6 隻
紅蘿蔔 1 根
白蘿蔔 1 根
薑 1 大塊
青蔥 3 支
紅辣椒 1 支
市售五香滷包 1 包

調味

醬油 50ml
冰糖 20g
米酒 100ml
水適量

作法

1 紅、白蘿蔔去皮後滾刀切塊；薑薄切成薑片；青蔥去除底部根鬚後綁起來。

2 鍋中倒入少許油加熱，放入薑片、辣椒煸至香氣四溢後，加進紅、白蘿蔔和冰糖一同拌炒。

3 加入調味料、滷包後，放入棒棒腿、青蔥根，煮滾後撈除浮沫，加蓋以小火燉煮 40 分鐘至熟即可。

2

3

荷包蛋

蛋先打入碗中，小鍋中放少許油並倒入蛋，用小小火慢慢烘至蛋黃熟成即可。

TiPS · 可以在滷汁中多加入其他的食材，如水煮蛋、豆干，都是很好的便當菜，分裝好冰在冰箱裡，要裝便當前取出加熱放冷。另外，滷汁也可以繼續使用，但要在使用時加熱至滾才行喔！

· 香菇高麗菜和荷包蛋就是很適合搭配雞腿的古早味，荷包蛋用小鐵鍋煎至邊緣恰恰；香菇炒香後加入蒜片和高麗菜一同拌炒，加點鹽和糖，就是一道家常又好吃的便當配菜了。

燒肉便當

還記得多年前在公司附近吃過一家小型居酒屋賣的薑汁燒肉，

在那份薑汁燒肉裡，充滿了柔軟溼潤的肉和洋蔥，

但因為薑味過於濃厚，蓋掉了肉香和洋蔥甜味，

後來在家裡嚐試了許多的作法並調整比例，

才找到適合自家裡既可帶便當又受孩子喜歡的風味。

薑汁燒肉

汆燙青花菜 P.204

醬香溏心蛋 P.190

苦茶油拌鳳梨木耳 P.220

蜂蜜醋漬白蘿蔔 P.221

食材

豬梅花肉片 150g
洋蔥 ½ 顆
薑 10g
蔥 1 支
太白粉 1 大匙

調味

日式燒肉醬 1 大匙
水 100ml
糖 1 小匙

作法

1 洋蔥去皮後切成細絲、薑磨成泥；蔥切成蔥花，
分成蔥白和蔥綠。

2 將豬梅花片撒上一層薄薄的太白粉。

3 鍋中加入少許的油、洋蔥絲拌炒至透明柔軟後，
放入蔥白拌炒。

4 將步驟 3 的食材推至鍋緣，放入豬梅花肉片煎至
上色，再撥回洋蔥絲和蔥白，加入調味料一起燜
煮至肉片上色。

5 加入薑泥拌勻，取出後撒上適量的蔥綠即可。

辣味薑汁燒肉

食材

豬梅花肉片 150g
蔥 1 支
薑 10g
太白粉 1 大匙
白芝麻適量

調味

醬油 1 大匙
味醂 1 大匙
砂糖 1 大匙
米酒 1 大匙
韓式辣醬 1 大匙
水 100ml

作法

1 在豬梅花肉片上撒上薄薄的太白粉，小碗中加入調味料、薑泥攪拌混合均勻備用。

2 鍋中倒少許的油，加入豬梅花肉片煎至上色，放入調味料煨煮至肉片入味即可。

3 取出後撒上些許白芝麻、蔥花。

1-1

1-2

2-1

2-2

延伸料理

香煎牛小排燒肉

食材

無骨牛小排肉片 150g
白芝麻適量

調味

醬油 1 大匙
味醂 1 大匙
砂糖 1 大匙
米酒 1 大匙
麻油 1 小匙
薑泥 1 小匙
蘋果泥 1 小塊
水 50ml

作法

1 將無骨牛小排肉片放在混合均勻的調味醬料中醃漬 10 分鐘。

2 鍋中倒入少許油加熱，放入肉片煎熟後取出，撒上適量白芝麻即可。

1

2-1

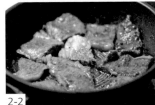
2-2

TIPS 辣味燒肉裡加了韓式苦椒醬，甜辣感很有大人氣；牛小排燒肉裡，加了甜蜜可口的蘋果泥，可以適當增加甜味喔！

肉捲便當

捲捲捲、捲捲捲！
任何捲起來的料理放在便當裡感覺就是特別適切、特別可愛，
捲起蔬菜、捲起肉肉，捲起很多孩子和老公愛吃的料理放在便當裡，
起司和海苔包裹在肉片裡，用氣炸烤箱酥炸或是直接進油鍋油炸都可以，
重要的是在中午吃到時一樣酥脆可口！

酥炸起司海苔肉捲

沖繩風山苦瓜炒板豆腐 P.193

蜂蜜醋漬紅蘿蔔 P.221

汆燙蘆筍

食 材

豬里肌肉片 100g
起司片 2 片
味付海苔兩片
蛋 1 顆
麵粉 20g
細麵包粉 20g

調 味

鹽少許
黑胡椒粉少許

作 法

1 將薄豬里肌肉片放在砧板上（依里肌肉寬度調整片數），放上起司片和海苔片。

2 將肉片捲起後，在表面撒上少許鹽和黑胡椒。

3 依序沾附麵粉、蛋液、細麵包粉。

4 在氣炸烤箱的烤盤上舖上烘焙紙，肉捲整齊排列，噴少許的油，放置 10 分鐘。

5 將肉捲放入氣炸烤箱以 190 度酥炸 15 分鐘即可。

1

2

4

TiPS ・ 在包覆起司片和海苔時，先將肉捲捲一層，再將外側往裡包，接著再繼續往前包起，這樣起司就不會流出來了。另外，也可以在假日時先製作好冷凍起來，要做便當的前一晚取出放置冷藏室退冰，早晨直接氣炸即可。
・ 便當配菜中的汆燙蘆筍可參考 P201 汆燙秋葵的作法。

炸肉排便當

炸排骨應該是便當中的經典之王了

除了薄脆的外皮、柔軟的內裡，還有淡淡的五香粉風味在裡頭。

小時候媽媽如果累了不想煮飯，就會帶著我們去住家附近的便當店，

除了炸雞腿便當之外，炸肉排真的是我最喜歡的了，

所以不知道要煮什麼時，就找出冰箱裡有的里肌肉片來做這道料理，

不僅帶便當適合，早餐夾吐司、晚餐切塊配飯也很方便。

經典醬香炸肉排

啤酒香菇滷肉 P.225

起司玉子燒 P.183

蜂蜜醋漬紅白蘿蔔 P.221

鹽漬珠蔥 P.218

食材

厚里肌肉片 2 片
蛋 1 顆
木薯粉適量

調味

醬油 1 大匙
蒜泥 1 小匙
五香粉 1 小匙
鹽少許
米酒 1 大匙
糖 1 小匙

作法

1 將里肌肉片用肉槌從邊緣往內慢慢敲扁。

2 在攪拌盆中將調味料仔細拌勻,並打入一顆蛋攪散。

3 放入厚里肌肉片醃漬 30 分鐘。

4 將步驟 3 的里肌肉片均勻包覆木薯粉。

5 鍋中放入適量的油,以半煎炸的方式將肉排煎熟即可。

TiPS 因為有裹粉的關係,所以在用油量可以稍多,以半煎炸的方式來完成,會更酥香。若是要做這道料理,也可以先將步驟 1 ～ 4 完成後分裝冷凍,需要使用的前一晚取出放置冷藏即可。

茄汁豆包便當

小時候最喜歡媽媽煮番茄口味的料理，當酸甜滋味在口腔裡散開時，
總有種很幸福很幸福的感覺！會做這道料理是因為我非常喜歡生豆包的風味，
對我來説，它比炸豆包多了一種樸實感，而好的生豆包即使在吸附了不同味道之後，
還是會有自己本身的香甜，放在便當裡十分開胃！

奶油醬油綜合菇 P.196

巴薩米可醋烤小番茄 P.198

梅醋漬紫高麗菜 P.222

茄汁豆包

Winnie the pooh

2

飽滿人氣便當

孩子在學校一早上的學習；
老公在公司一早上和客戶來來回回的腦力激盪，
到了中午時分，饑腸轆轆的感覺一定特別的明顯。
這時候若是打開媽媽／老婆準備的便當，聞到肉肉們的香氣，
就更想把便當吃光光啦！

每次聽到女兒回家時撒嬌的跟我說：
「媽咪！今天的雞翅好好吃喔！能不能再做給我吃？」的時候，
就是會在採買時忍不住多買些肉，
讓孩子、老公也能元氣飽滿的迎接每一天的挑戰！

炸牛排便當

偶爾為自己帶一個奢華的便當吧！有滋有味的炸牛排，不用選特別厚的牛排肉，
選用在住家附近的超市就買得到的盒裝牛排。
早上輕鬆的覆上麵粉、蛋液、細麵包粉，用半煎炸的方式處理完成，
搭上簡單的常備配菜，就能快速帶奢華便當上班去囉！

炸牛排

汆燙青花菜 P.204

醋漬櫻桃蘿蔔
請參考P.221蜂蜜
醋漬紅白蘿蔔的
作法

巴薩米可醋烤小番茄 P.198

奶油煎玉米

食材

薄牛排 1 塊（約 300g）
橄欖油 10ml
蛋 1 顆（約 50g）
麵粉 20g
細麵包粉 20g

調味

現磨岩鹽適量
現磨黑胡椒粉適量

作法

1　將無骨牛小排從冰箱中取出，於室溫中靜置 15 ～ 20 分鐘回溫；將蛋打入盤中攪拌均勻。

2　在牛小排上淋上橄欖油，並撒上適量的岩鹽和黑胡椒，塗抹均勻。將牛小排按照麵粉、蛋液、細麵包粉的順序依序包覆。

3　小鍋中放入約 1 公分高的炸油，以 170 度的溫度將牛排炸至金黃。

4　牛排起鍋靜置濾油盤中 3 分鐘後再行切片即可。

2-1

2-2

2-3

3

奶油煎玉米

將玉米從中切半後，把奶油置於鍋中融化，放入玉米煎熟，完成後撒上少許鹽即可。

TiPS　炸牛排應盡可能在早上做，做好後放涼再裝入便當。無論是要煎牛排或炸牛排，請務必提早將牛排取出置於室內回溫，以避免在煎炸過程中因內外溫度落差太大，導致外層早已炸熟，而牛排內裡卻過生。

照燒雞腿排便當

便當裡的主菜，你最喜歡吃的是哪一道？

很多人都覺得便當店的炸排骨、炸雞腿才是真愛，而我卻覺得，

甜甜蜜蜜的照燒雞腿排，是最能喚醒疲憊味覺的一道料理。

因為加入蘋果泥，所以比一般的照燒雞腿排甜一點點，

而這種甜，是屬於媽媽給孩子的溫暖風味，因為孩子喜歡，就加入蘋果吧！

照燒雞腿排

蜂蜜醋漬白蘿蔔 P.221

紅玉茶香溏心蛋 P.191

烤水果甜椒 P.194

紅蘿蔔炒蘆筍 P.202

食材

去骨雞腿排 2 大片
白芝麻少許

調味

醬油 1 大匙
米酒 1 大匙
味醂 1 大匙
砂糖 1 小匙
蘋果泥 10g
黑胡椒粉適量

作法

1 將去骨雞腿肉去除多餘的油脂、粗筋，用刀子將雞腿排較厚實的部份片薄；調味料混合均勻後備用。

2 取一小鍋，不放油，將去骨雞腿排以雞皮面先放入鍋，煎至表面金黃，翻面續煎。

3 倒入調味料煨煮至雞腿排表面濃稠上色，取出後撒上少許白芝麻增色即可。

2-1

2-2

3

TiPS 雞腿排需要先將皮的那一面向下煎過後，逼出食物本身的油脂，再翻面以雞油續煎，向食物借油的方式可以不用倒太多其他油脂，吃起來更健康。

香烤韓風辣雞翅便當

香香辣辣的烤雞翅,是最能引起食慾的好料理!

當初做這道料理時,是因為夏天來了之後天氣太熱,吃什麼都食之無味,

有時候真的就是很想要好好的吃上一口香辣的料理來勾引出味覺呀!

韓式苦椒醬是愛吃辣的我很喜歡的辣味來源,它的風味溫和,

但也有該有的辣度,若只是使用少量,即使是孩子也能吃。

香烤韓式辣雞翅

蜂蜜醋漬紅白蘿蔔 P.221

金平牛蒡 P.212

鮪魚醬拌青花菜 P.203

油漬鮮菇 P.219

食 材

雞小翅 3 隻
雞小腿 3 隻

醃 料

韓式苦椒醬 1 大匙
醬油 1 大匙
麻油 1 大匙
糖 1 大匙

作 法

1　雞小翅和雞小腿以醃料醃漬 20 分鐘入味。

2　將醃漬好的雞小翅和雞小腿放入氣炸烤籃中，以
　　200 度氣炸 10 分鐘後，翻面續炸 5 分鐘至熟。

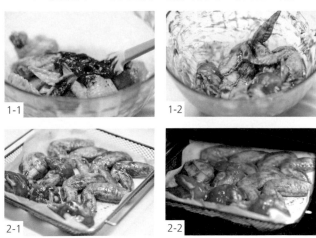

1-1　　1-2

2-1　　2-2

TiPS　家裡若是只有烤箱，也可以利用烤箱的烘烤功能以 180 度烤 20 分鐘。

栗子雞肉炊飯便當

使用陶鍋來炊飯，應該是我在便當生涯裡學到的新技能。

陶鍋的蓄熱能力佳，而且煮出來的炊飯粒粒分明，

加入醬料的炊飯裡還有脆口的鍋巴，更是增添了不少在食用上的樂趣。

有時候早上若是沒有很多時間，一道營養豐富、充滿醬香的炊飯，

就能夠讓午餐便當有完整的飽足感了！

食材

米 2 杯
雞腿肉 2 片
市售熟栗子 1 包
鴻喜菇 1 包
紅蘿蔔絲 100g
蔥 2 支

調味

水 2.5 米杯
醬油 2 大匙
味醂 2 大匙
米酒 2 大匙
糖 1 小匙
香油適量

作法

1 將米洗淨後瀝乾水備用、鴻喜菇去除菇腳後剁成絲、蔥切蔥花備用。

2 平底鍋中不放油,將雞腿皮朝下,雞皮煸出雞油後,翻面續煎,直至表面酥脆後取出切塊(不用全熟沒關係)。

3 陶鍋中放入米、紅蘿蔔絲、栗子、鴻喜菇、切塊雞腿肉。

4 放入調味料後拌勻(除了香油)。

5 陶鍋蓋上鍋蓋,開火煮沸後轉中小火煮 10 分鐘。

6 時間到關火燜 20 分鐘。

7 完成後開蓋淋上一點香油、撒上蔥花拌勻即可。

TIPS 這個版本的炊飯使用的是可以蓄熱的陶鍋,也因此火候的控制非常重要,火候控制得當,可以有好吃的鍋巴喔!若是對火候控制比較沒有信心,將雞腿肉煎好後,和其他的食材一起放入電子鍋裡烹煮也是可以的。

黑醋醬雞肉蔬菜便當

豐富繽紛的多彩蔬菜、外酥內軟的雞腿肉、酸甜可口的醬汁，
這是每次上桌後就會被清盤的一道料理。
利用氣炸烤箱來製作，不用去想廢油該怎麼處理，
讓工序減少，美味加分！

黑醋醬雞肉

汆燙青花菜 P.204

紅蘿蔔毛豆玉子燒 P.184

食 材

去骨雞腿排 2 塊 (300 克)
青椒 1 顆
紅甜椒、黃甜椒各 1 顆
太白粉 4 大匙

醃 料

白胡椒粉 1g
黑胡椒粉適量
米酒 1 大匙
醬油 3 大匙
薑泥、蒜泥各 1 小匙

調味黑醋醬

黑醋 2 大匙
蘋果醋 2 大匙
蘋果泥 3 大匙
椰糖 2 大匙

作 法

1 雞腿肉切塊,以醃料醃漬 20 分鐘入味後,用太
白粉仔細包裹,放入盤中靜置 5 分鐘反潮。

2 青椒、紅甜椒、黃甜椒去除蒂頭及內部白膜後,
皆切成塊。

3 將步驟 1 的雞腿肉放入氣炸烤籃中,在表面噴少
許的食用油,以 200 度氣炸 10 分鐘後,翻面續
炸 10 分鐘至熟。

4 青椒、甜椒以滾水燙熟備用。

5 將調味黑醋醬放入小鍋中,煮至略微黏稠晶亮
後,放入雞腿塊及蔬菜快速拌勻即可取出。

TiPS　若是家中沒有氣炸烤箱,用油炸也是很棒的方式,可以將蔬菜和雞腿肉一起炸
至酥脆後,拌入黑醋醬汁。蔬菜不限於青椒和甜椒,蓮藕或是茄子、地瓜,都
是很適合的搭配!

味噌蜂蜜豬五花便當

只要有這個，就可以奮力的扒掉好多白飯！

曾經想著要怎麼讓孩子們可以 既喜歡吃肉、又喜歡吃飯呢？

於是突發奇想，覺得用味噌和蜂蜜一起醃肉應該很不錯吧！

既有蜂蜜的甜、又有味噌的甘、還有醬油的鮮，搭在一起一定很適合！

這個醬料不僅用在豬五花，在雞腿排、牛小排燒烤片，也很搭！

味噌蜂蜜豬五花

醬燉南瓜 P.198　　氽燙青花菜 P.204

奶油香料煎蝦仁 P.233　　帆立貝炒甜豆 P.236

食材

豬五花肉 2 片（約 300g）
白芝麻少許

調味

味噌 1 大匙
蜂蜜 1 大匙
醬油 1 大匙
味醂 1 大匙
米酒 1 大匙
鹽少許

作法

1　將調味料仔細拌勻，五花肉洗淨後擦乾，均勻
　　抹上調味料，醃 1 小時左右入味。

2　將醃好的五花肉放入舖有烘焙紙的烤盤中，送
　　進烤箱，以 200 度烤 10 分鐘後翻面，再續烤
　　10 分鐘。完成後，再以 230 度烤 5 分鐘上色（依
　　烤熟程度調整），接著撒上白芝麻即可。

1

2-1

2-2

TiPS　依照所購入的豬五花肉大小不同，所需要的烘烤時間亦不太一樣。我所使用的
薄片豬五花肉，一片約 150g 左右，大家可以依照需求購買，製作時適當調整
調味醬料的比例，這樣才能做出更符合自己便當需求的豬五花肉。

鹽麴孜然松阪豬便當

過去曾經有一段時間不知道該做什麼時，我就會去買松阪豬回來試驗，

加各種不同的調味料來醃漬後再煎，或是先用鹽簡單醃過後，再煎熟撒上香料粉。

其中我覺得和松阪豬最搭的就是孜然粉了，而且怎麼搭都不太會出錯。

尤其是利用鹽麴和孜然一同醃漬後，松阪豬肉質軟嫩、孜然粉香氣四溢，

是打開便當就能聞到異國風味的絕佳主菜。

氣炸沙茶醬玉米 P.200

橄欖油烤綜合蔬菜 P.196

梅醋漬紫高麗菜蘿蔔花 P.222

紅玉茶香溏心蛋 P.191

鹽麴孜然松阪豬

食材

松阪豬 1 片

調味

鹽麴 1 大匙
孜然粉 1 小匙
醬油 1 小匙
糖 1 小匙
米酒 1 小匙

作法

1 將調味醬料在攪拌盆中仔細拌勻後,加入松阪豬
醃漬 1 小時。

2 將醃漬過的松阪豬放入氣炸烤箱,以 190 度烤
10 分鐘,再翻面續烤 10 分鐘至熟。

2

TiPS 這道料理做多一點備好放在冷凍櫃裡,也是很棒的半醃漬常備菜喔!在以氣炸
烤箱烘烤前,可以先撥除掉松阪豬上面的醃漬醬料,這樣比較不會烤黑。另外,
也建議盡量以烤箱或是氣炸鍋、氣炸烤箱來處理。若是只能夠用煎的,請務必
以小火慢煎!

馬告紅茶滷肉便當

馬告是一種原住民傳統食材，用在料理中很特別，有獨特豐富的香氣，
混合著檸檬和薑的味道，煮在滷汁中時更是滿室飄香。
這道料理裡面加了紅茶包，目的是用於使滷汁有淡淡的茶香，清爽解膩。
這道料理的烹煮時程較長，因此建議前一晚就煮好，
隔天要帶便當時再取出加熱後放涼，再放入便當盒裡喔！

水煮蛋

梅醋漬紫高麗菜 P.222

汆燙秋葵 P.201

奶油炒玉米紅蘿蔔 P.207

馬告紅茶滷肉

食材

豬五花肉 1 條（約 500g）
蔥 3 根
薑 1 小塊
蒜頭 2 瓣
辣椒 1 條（長型不辣的）
食用油少許

調味

白蔭油 3 大匙
冰糖 2 大匙
紹興酒 3 大匙
馬告 7g
月桂葉 1 片
紅茶包 1 包
水適量

作法

1 將五花肉切塊；青蔥切段分成蔥白和蔥綠，蔥綠切成蔥花；薑不去皮，稍微壓扁即可；馬告稍微壓碎備用。

2 將馬告、月桂葉一起放入茶包袋中包好。

3 取一鍋子加熱，放入油和豬五花肉塊煎至微焦斷生，加入冰糖炒出糖色，再放白蔭油、紹興酒、步驟 2 的香料包、紅茶包，以及蔥白和薑片、辣椒、蒜頭，和剛好蓋過食材的水量。

4 煮滾後撈除浮沫，加蓋燉煮 60 分鐘至熟。

5 若有剩餘的滷汁，可再持續加入其他喜歡的食材。

3

4

水煮蛋

小鍋中倒入約 700 毫升的水，放入 5 ～ 6 顆室溫蛋，開水煮 7 分 30 秒（務必計時）。取出後在蛋的鈍室敲一個洞，泡在冰水中，約 3 分鐘後即可順利剝殼。

TIPS 香料可以利用小茶袋包起來做成滷包，這樣就不用另外挑出來。醬油的部份可以用自己習慣的醬油來做，但要依照醬油鹹度來修正放入的量喔！

叉燒肉便當

會開始做這道叉燒肉，其實是因為小女兒特別喜歡吃拉麵而做的。
女兒們還小的時候，我和她們手牽著手慢慢散步到住家附近的拉麵店，
點一碗拉麵，小女兒喜歡吃麵、大女兒喜歡吃肉，我們三個人分著吃。
於是我在家裡做叉燒肉，有時候放進便當裡，有時候煮碗湯麵，都非常好用。
雖然女兒們現在可以兩個人分著吃掉一碗了，但媽媽的親暱記憶依然還在，暖暖的。

叉燒肉

汆燙青花菜 P.204
奶油煎玉米筍
醬香溏心蛋 P.190
竹輪炒細蘆筍 P.211

食材

豬梅花肉 1 條（約 1kg）
食用油 1 大匙

煮汁

水 650ml
醬油 250ml
紹興酒 100ml
味醂 170ml
二砂糖 4 大匙
薑 1 塊
蒜頭 3 瓣
青蔥 1 支
八角 1 顆

作法

1 豬梅花肉切適當大小，用棉線綁好後備用；青蔥以棉線綁成一束。

2 在平底鍋中放入油，再放進豬梅花肉塊，以中大火煎至表面焦黃斷生。

3 在大深鍋中放入煮汁的材料，並且開大火煮沸後放進豬梅花肉塊。仔細撈除表面浮渣後，轉小火續煮 30 ～ 45 分鐘，熬煮途中記得將豬肉翻面。

4 完成後讓豬梅花肉在煮汁裡放涼等候入味即可。

1-1

1-2

2

3

奶油煎玉米筍

將玉米筍從中切半後，把奶油置於鍋中融化，放入玉米筍煎熟，完成後撒上少許鹽即可。

TiPS 一定要放涼再切！最好的方式是，叉燒肉放涼後把肉塊連同煮汁放入冰箱，要吃時拿出來切，切完的幾片再用微波爐加熱，或放在熱麵上淋上熱湯也可以！

烏醋燒豬腩排便當

我很喜歡用烏醋燒製的料理，在淡淡的酸度裡有著甜甜香氣，是最適合帶便當的了！
這道料理醬香味濃，很適合多做一點放在冰箱裡，隨時拿出來加熱吃，
尤其是焗得乾乾的薑片，和豬腩排真的是絕配！
搭配便當時可以加點清爽的蔬菜，吃起來才不會太膩喔！

蘑菇蝦仁炒蛋 P.234

奶油炒蘆筍

烏醋燒豬腩排

食材

豬小排 500g
洋蔥 1 顆
蔥兩支
薑 1 大塊

調味

麻油 2 小匙
日式燒肉醬 2 大匙
蠔油 1 大匙
米酒 2 大匙
烏醋 3 大匙
糖 1 大匙
水適量

作法

1 豬小排洗淨備用、蔥切段（分成蔥白和蔥綠）、
　薑切片、洋蔥去皮後切塊備用。

2 鍋中放入麻油，將薑片入鍋煸出香氣後，加入蔥
　白和洋蔥一起拌炒至香氣四溢。

3 放入豬小排，香煎至斷生噴香，再倒入燒肉醬、
　蠔油、米酒、烏醋、糖和水（事先調勻備用）。

4 開大火煮滾後撈除浮沫，再轉至中火慢慢收汁，
　將豬小排收至油亮濃郁即可（約需 20 分鐘，視
　鍋裡豬小排情況而定）

(奶油炒蘆筍)

將蘆筍洗淨切段後，把奶油置於鍋中融化，放入蘆筍炒熟，完成後撒上少許
鹽即可。

TIPS　薑片一定要花點時間煸得乾乾的再繼續下面的步驟，這樣煨煮出來的薑片才會
　　　是香的喔！

3
低醣健康便當

近年來興起的低醣質飲食，也在我們家的餐點中佔有一席之地。

記得孩子還小的時候，我帶著他們回南部娘家，
一個人在家中沒有太太的愛妻便當，
也沒有太太早中晚餐伺候的老公大白，自己解決晚餐。
那天他翻了翻食譜內容後突然傳訊息跟我說：
「我怎麼覺得妳平常煮的料理，好像就滿低醣的？」

平時的晚餐，我都會做的清淡舒服，
也盡量在料理過程中不要增加太多醣質的食材，
所以吃起來當然比較低醣囉！
這些低醣便當的主菜，也是在我們家裡很受歡迎的料理，
一起來做做看！

酪梨牛肉豆皮捲便當

我很喜歡吃酪梨，每次一到盛產季節時，總是要買很多回來備著。

但酪梨又是很神祕嬌貴的食材，有時你以為它熟了，但剖開後卻硬得好似橡膠；

有時摸起來可以了，但剖開後又發現根本發黑了；

有時候根本不確定熟度時，剖開卻又熟得剛好柔軟。

這時候會覺得切酪梨比開巧克力口味還緊張，覺得人生好難啊！

酪梨牛肉豆皮捲

柚子醬蜂蜜煮紅蘿蔔 P.206

汆燙青花菜 P.204

巴薩米可醋烤小番茄 P.198

食材

生豆皮 2 片
酪梨 1 顆
雪花牛肉片一盒
（約 200g）
洋蔥 ½ 顆
食用油少許

調味

鹽少許
橄欖油少許

作法

1 酪梨從中切半後取出核仁，切片備用；洋蔥切絲。

2 雪花牛肉片和洋蔥、油一同放入鍋中炒熟，撒上玫瑰鹽（份量外）拌勻後取出。

3 將豆皮鋪平後，放上牛肉炒洋蔥、切片酪梨，捲成一個方型捲。

4 入鍋中煎至四面熟成焦香即可取出，稍微放涼後再從中間斜切即可。

5 食用前淋上少許橄欖油增加香氣。

TiPS 食譜內的洋蔥是和牛肉炒在一起的，但若是不會害怕洋蔥味的朋友們，可以將牛肉片和洋蔥分開，不要炒在一起，直接將泡過水去除嗆味的洋蔥放在牛肉片和酪梨上面，包在一起，能夠吃到清脆的口感，別有一番風味。

燉番茄牛肉便當

這道燉番茄牛肉的作法類似於羅宋湯，
但我將它做成能裝入便當的燉菜，不僅可以吃到營養，也沒有什麼負擔。
高麗菜的角色，就是增添整道料理的蔬菜甜度，燉煮的方式能讓便當不用裝白飯，
也能吃到柔軟可口的料理，前一晚就做好，隔天裝進便當就好，很方便！

燉番茄牛肉

牛奶炒蛋

食材

牛腩肉 300g
牛番茄 1 顆
（大顆約 230g）
高麗菜 ¼ 顆
青蔥 2 支
薑 1 小塊

調味

鹽少許
黑胡椒粉少許
番茄罐頭 80g
冷壓初榨橄欖油 2 大匙

作法

1 將牛腩肉條切塊、牛番茄去除蒂頭後切塊、高麗菜
切成大片、薑切片；青蔥一支切段、另一支切成蔥
花備用。

2 鍋中倒少許油，放入牛腩後煎至微焦斷生，加入
青蔥、薑片一同拌炒。

3 接著放入牛番茄拌炒後，加入高麗菜，以及番茄
罐頭和鹽、黑胡椒，拌勻後加蓋燉煮 10 分鐘。

4 起鍋後在表面淋上橄欖油，並撒上蔥花即可。

牛奶炒蛋

將兩顆蛋、1 大匙牛奶、1 小匙鹽一起放入攪拌盆中拌勻，倒入鍋中以小火
炒至鬆軟即可。

TIPS 盡可能在燉煮時將汁液收得乾一點點，這樣在裝進便當時才不會有過多湯汁。

塔塔醬淋雞胸肉便當

每次製作嫩雞胸肉時，針對不同的大小，需要調整烹煮時間和熟度，
通常要從雞胸肉最厚之處去看是最準的，用手捏看看質地，
太軟的話表示沒熟，太硬的話表示肉片薄了點，所以時間要調短一點，
一次次經驗的累積和堆疊，慢慢就能做出柔軟的雞胸肉囉！

超嫩雞胸肉

起司玉子燒 P.183

味噌蒜香拌毛豆 P.213

食 材

雞胸肉 2 片（約 300g）
鹽 10g
食用水 1000ml

鹽水浸泡法

將食用水和鹽一起放入保鮮盒中攪拌均勻，放進雞胸肉後送入冰箱靜置一晚，隔日取出煎或烤皆是軟嫩的肉質。

水煮法

將食用水煮滾，鍋中放入鹽融解後，關火放入兩片雞胸肉，加蓋燜 20 ～ 25 分鐘。取出後放涼再切片。

塔塔醬

食材：無糖優格 2 大匙、美奶滋 1 大匙、黃芥茉醬 1 小匙、酸黃瓜 20g、
水煮蛋 2 顆、鹽少許、椰糖 1 小匙、黑胡椒粉少許
作法：水煮蛋切碎，將所有食材攪拌均勻即可。

TiPS　這款塔塔醬十分百搭，用來沾雞胸肉好吃，沾蔬菜也好吃，若是在認真減醣減脂期間，可以拿掉美奶滋喔！

坦都里雞胸肉便當

利用優格和咖哩一起醃漬雞胸肉而做成的坦都里雞胸肉，
是在減醣時期嘴饞的好朋友，尤其是用少量的油煎熟已經入味的雞胸肉。
外層脆甜的醃醬搭配柔軟的雞胸，帶便當時吃起來沒有什麼負擔，
只要幾款簡單的配菜，就能吃得輕巧健康。

坦都里雞胸肉

烤水果甜椒 P.194

小黃瓜捲捲 P.34

食材

雞胸肉 2 片

調味醃料

希臘無糖優格 2 大匙
咖哩塊 1 小塊
孜然粉 1 小匙
糖 1 小匙
辣椒粉 1 小匙
茴香粉 1 小匙
煙燻紅椒粉 1 小匙
鹽少許

作法

1 將咖哩塊以刨絲器刨成細絲後，與其餘調味醃料一同放入攪拌盆中攪拌均勻。

2 雞胸肉切塊後，放入步驟 1 的攪拌盆中，均勻搓揉，放置冰箱醃漬 30 分鐘以上入味。

3 將雞胸肉取出後，放入平底鍋並倒入少許橄欖油，用中小火慢慢煎至表面上色即可。

1

2

3

TIPS 醬料醃漬雞胸肉可以在前一晚睡前醃好，隔天一早取出煎熟就能裝便當了，非常方便。

醬燒雞胸肉便當

便當裡雖然沒有飯，但是吃得好飽！這道雞胸肉是很適合用來帶便當的一道菜，
陳年梅和少許醬油的醬汁，在雞胸肉上好好的包覆著，
除了有滿滿蛋白質之外，味道也不會過重，還有淡淡的梅子酸 V 酸 V 的香氣，
和糙米飯一起做成小小的壽司應該也很適合喔！

醬燒雞胸肉

烤水果甜椒 P.194

培根玉子燒 P.185

乳酪拌青花菜 P.205

食 材

雞胸肉 2 塊
低筋麵粉少許

醬 料

醬油 1 大匙
陳年梅 2 顆
味醂 1 大匙
米酒 1 大匙

作 法

1 將雞胸肉拭乾,以斜切方式切 1 公分左右的薄片;
醬汁混合備用。

2 雞胸肉薄片上撒上低筋麵粉,確保每一片都有。

3 鍋中放油,加熱後放入雞胸肉煎熟,再倒入醬汁
收汁即可。

TiPS 這道料理即使放涼了也很好吃,但要記得在收汁時用小火來收,以免因為收汁
過快,而導致雞胸肉還沒有入味就焦掉囉!

醬香蘿蔔燒雞腿肉便當

可以再煮多一點嗎？每次煮這道料理，都是女兒特別希望我再多做一點的時候。
秋冬裡的蘿蔔很香甜可口，和軟嫩的雞腿肉一起燉煮真的好好吃，
尤其是先逼出雞油再煨煮出蘿蔔甜味，
可以讓對白蘿蔔望之卻步的孩子們一口接著一口吃下去。

奶油炒玉米紅蘿蔔 P.207

梅醋漬紫高麗菜 P.222

奶油醬油綜合菇 P.196

孜然風味炒蔬菜 P.215

醬香蘿蔔燒雞腿肉

食 材

雞腿排 2 片
白蘿蔔 ⅓ 根
青蔥 2 根
薑 1 小塊

醃 料

鹽少許
黑胡椒少許

調 味

醬油 2 大匙
椰糖 1 小匙
麻油 1 小匙
米酒 1 大匙
水適量

作 法

1 將去骨雞腿排切成大塊後，撒上少許的鹽和黑胡椒粉醃漬；白蘿蔔去皮後切大塊；青蔥洗淨切段（蔥白和少許蔥綠切段、剩餘蔥綠切成蔥花，分開）；薑切薄片；調味料混合均勻後備用。

2 鍋中不放油，雞腿排先以雞皮朝下，煎至表面金黃焦脆，再翻面續煎。

3 擦掉原鍋中的部份雞油，加入蔥白和少許蔥綠段、白蘿蔔塊、薑片和調味料一同煨煮 10 分鐘。

4 取出後撒上蔥花拌勻即可。

2

3-1

3-2

3-3

TiPS 水量可以依照實際烹煮的內容去調整多寡，將湯汁收至適合的稠度即可。

辣味鹽麴嫩煎肉排便當

從一開始做便當時，每次總有些料理能讓我進行試驗。

像韓式辣醬在平時的料理中較難出現使用，利用做便當時製作就再好玩不過了！

嚐試性的將韓式辣醬和日式鹽麴加在一起後醃肉，

沒想到讓厚厚的肉片能醃出 JUICY 的口感，在柔軟中又有微微的辣，風味好極了！

這個調醬也很適合用來醃雞腿排，非常的有滋味！

小黃瓜飯糰

醋拌海帶芽 P.220

蜂蜜牛奶玉子燒 P.186

辣味鹽麴嫩煎肉排

食 材

梅花肉排 2 片
白芝麻少許

調 味

韓式辣醬 1 小匙
鹽麴 1 大匙
醬油 1 小匙
糖 1 小匙
米酒 1 大匙

作 法

1 醬料調好後，將梅花肉排放入醃漬半小時。

2 梅花肉排取出放至鍋中煎熟後，撒上少許白芝麻裝飾即可。

1

2

編織小黃瓜飯糰

將水果小黃瓜以刨片器刨成長型的薄片後，以交錯的型式擺放在保鮮膜上，
再放上一顆約 70g 左右的飯球，包裹起來即可。

TiPS 醬料醃漬肉排可以在前一晚睡前醃好，隔天一早取出煎熟就能裝便當了，這道
料理亦可使用烤箱烘烤，能節省製作便當的時間喔！

紙包鮭魚便當

這是一道非常簡單又很好吃的料理，
僅僅是靠著在烘焙紙裡加熱鮭魚和蔬菜，就能夠吃上一頓舒服低醣的午餐。
配菜裡的生菜，可以搭配著紙包鮭魚裡的醬汁一起吃，
用食材的特色做出鮮甜醬汁，無論是早午晚餐都很適合的一道好料理。

紙包鮭魚

油漬鮮菇 P.219

食材

鮭魚菲力 1 塊（約 250g）
紅甜椒 ¼ 顆
黃甜椒 ¼ 顆
洋蔥 ¼ 顆

調味

初榨橄欖油 1 大匙
玫瑰鹽少許
黑胡椒粉適量

作法

1 水果甜椒切掉蒂頭後，去除白膜和籽，再切成細絲；洋蔥也切成細絲。

2 取一烘焙紙，放入鮭魚後，再加入洋蔥和甜椒絲，以及調味料。

3 將烘焙紙包好後，以釘書機釘好，放入烤箱以200 度烤 10 分鐘後取出即可。

2-1

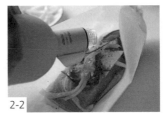
2-2

3-1

3-2

TIPS
· 包裹用的烘焙紙需先將邊緣一側折起，再依序將上端及另一個側邊折起，拆開時需注意釘書針是否都拿下了，小心不要吃到囉！

· 搭配便當的蔬菜我會以原型澱粉和蔬菜為主，例如地瓜、玉米、馬鈴薯，蔬菜可選擇生菜或是汆燙青菜，只要少許鹽調味就好了！

香料蝦仁滑蛋便當

蝦子含有豐富的蛋白質，醣質含量亦低，是許多人減醣期間的好選擇。
滑蛋和蝦仁都很有飽足感，即使是饑腸轆轆的午餐時間也能夠吃得飽！
在這道料理中，先將蝦仁煎得焦脆噴香，是一個很重要的步驟，
看似簡單卻能為這道料理加分不少！

香料蝦仁滑蛋

柚子醬蜂蜜煮紅蘿蔔 P.206

汆燙秋葵 P.201

梅醋漬紫高麗菜 P.222

食材

冷凍帶尾蝦仁 6 尾
檸檬百里香 2 支
橄欖油 1 大匙
蛋 2 顆
珠蔥 1 支

調味

酒 1 大匙
黑胡椒粉 1 小匙
鹽 1 小匙
義大利香料少許

作法

1 冷凍帶尾蝦仁退冰後洗淨，以調味醃漬 10 分鐘；將蛋打入攪拌盆中，並加入少許鹽後拌勻；珠蔥切成蔥花備用。

2 鍋中加熱後，倒入橄欖油，放入步驟 1 的蝦仁煎至半熟。

3 將蛋液加入鍋中，以小火燜 30 秒後，與蝦仁拌勻。

4 起鍋後撒上少許蔥花、放上檸檬百里香即可。

TiPS 炒蛋的時候盡量不要一直翻動，以免蛋液變得太碎，在便當裡看起來不好看，應該用鍋鏟輕輕撥動蛋液，讓蛋液輕柔包覆蝦仁，這樣在便當中呈現起來會更可口！

鹽烤小卷鑲飯便當

我吃過最好吃的小卷，
都是爸爸從澎湖買回來，或是特別尋找販售澎湖小卷的攤位，
所以我這個吃海鮮的胃是父母給養出來的（笑）。
孩子們特別喜歡吃鑲在小卷或是軟絲裡的飯，
即使是糙米飯也能因為小卷而吃得津津有味。

鹽烤小卷鑲飯

醬燉南瓜 P.198

韓式辣味豆芽菜雞絲 P.229

食材

小卷 2 隻（各約 150g）
糙米飯 150g
蛋 1 顆
水果甜椒 1 根
毛豆 30g
熟玉米 30g
青蔥 1 支
食用油少許

調味

鹽少許
醬油 1 大匙
鹽麴 1 大匙

作法

1 將小卷清理乾淨（拔除頭部、軟骨及頭部牙齒；清理內臟）、甜椒去除蒂頭後切小丁、青蔥切成蔥花備用。接著將蛋打入攪拌盆中拌勻。

2 鍋中放入少許油，將蛋液倒入後拌勻攪散。

3 加入毛豆、熟玉米、甜椒丁拌炒後，再放入糙米飯及蔥、鹽和醬油仔細拌炒均勻。

4 將炒飯一匙一匙的裝入小卷中，並以牙籤封口後放在烤盤上，在小卷表層塗上鹽麴，接著送進烤箱以 200 度烤 15 分鐘至熟（中間記得翻面）。

5 烤好後取出，從中間切半後裝入便當即可。

3 　　4-1 　　4-2 　　5

TiPS　由於在小卷表面會再塗上薄薄的鹽麴，所以在炒飯裡調味時不要下手太重，以免過鹹。這道料理只有使用鹽麴來帶出小卷的鮮味，風味簡單美好。

4
可愛造型便當

曾經我也是自稱造型苦手的一位便當媽媽，
雖然女兒學校營養午餐好吃到並不需要我親自出手，
但女兒們看到爸爸有漂亮便當時還是會心生羨慕。
所以為了可愛的女兒們，我把一些曾經看過的優秀造型重現在便當裡；
把一些自己想做的造型，運用不同的工具來做出圖案。

造型便當雖然有點麻煩，但只要前置作業做足，
在早晨的時間裡還是可以快速完成的，不過仍需多練習，
才能讓便當看起來更萌、更討人喜歡！

放膽讓熊熊有各種不同表情吧！
藉由兩個圓溜溜的起司片，以及由海苔壓模器壓製的海苔片，
放在圓型起司片裡的不同地方，就有不同的趣味表情，好玩極了！
這款燒肉飯糰使用的是市售的燒肉醬，可以藉由燒肉醬特殊的甜味，
來豐富燒肉飯糰的味道，搭配可愛的表情，絕對吃光光！

燒肉飯糰

番茄秋葵烘蛋 P.187

奶油炒玉米紅蘿蔔 P.207

食 材

雪花牛肉片一盒
（約 150g）
白飯 100g

調 味

日式燒肉醬 3 大匙
水 100ml
糖 1 小匙
鹽少許
黑胡椒粉少許

造型所需

竹輪片
起司片
海苔片

作 法

1　將雪花牛肉片以三至四片排列在砧板上，把白飯50g 揉成一顆飯球，放在雪花牛肉片的前端。

2　將飯球捲起包裹，並仔細捏實飯糰後，撒上少許鹽和黑胡椒粉。

3　取一鍋中倒入少許的油，先將飯糰以肉的接口面往下煎熟，並陸續的將飯球的每一面煎至上色。

4　將調味醬料調好後，倒入鍋中讓飯糰收汁入味。

5　取出後放涼，在上面加上表情即可。

TiPS　若是希望一早起床就能馬上煎飯糰，可在前一晚先捏好飯糰後冰冰箱，早晨取出先放置室溫十分鐘後再煎，收醬料時也要注意飯糰狀態，應盡量避免鬆散。

起司牛肉球便當

只是簡單的造型搭配，也能讓孩子打開便當時的心情變得好好！
曾經有一位媽媽説，不知道該做什麼造型時，只要在白白的白飯上，
加上海苔打洞器的表情，就能讓孩子們開心上一整天呢！
只要搭配好吃的料理，造型便當也好簡單！

起司玉子燒 P.183

涼拌風琴小黃瓜 P.217

梅醋漬紫高麗菜蘿蔔花 P.222

起司牛肉球

食材

低脂牛絞肉 450g
起司片 4 片
食用油少許

調味

鹽 1g
黑胡椒粉適量
芥末籽 5g
食用油 15ml

作法

1　牛絞肉放入調理盆中，加入所有的調味料，用手仔細拌勻；將起司片切成小塊後備用。

2　取一小塊牛絞肉放在手上（約 50g），稍微壓扁後，在中間放入起司片 10g，並且仔細的包裹好，將所有的牛絞肉都依此步驟完成，做成一顆一顆的小球。

1

2-1

2-2

2-3

3 在鍋中倒入少許油,將小球放入並煎至表面上色後,加一點點水,加蓋悶
煮 2 ～ 3 分鐘至熟成即可。

3

花花少女作法

將醋漬紫高麗菜蘿蔔花擺在圓型的飯上,並且加
上以海苔打洞機作成的表情,在眼睛下方加上番
茄醬當成裝飾腮紅即可。

TiPS 這個牛肉球要吃的時候最好是加熱吃,才能夠吃到牛肉球和融化起司的風味
喔!牛肉球也可以直接做好後冰在冷凍,要使用的前一晚再取出放置冷藏室退
冰,早上只要煎過就可以帶便當了!

雞肉豆腐排便當

小時候陪伴我們長大的小熊維尼，就在孩子們的便當盒裡！
利用不同天然色粉的顏色來改變飯糰，再加上好吃的主菜與配菜，
則能飽足孩子們在校的用餐時光。
雞肉豆腐排做成一顆一顆小小的肉餅，
煎至上色後再加入醬汁煨煮得甜甜的，搭配彩色飯糰更好吃！

雞肉豆腐排

水煮蛋 P.83

煎鑫鑫腸小章魚 P.119

白芝麻核桃醬淋四季豆 P.37

食材

雞胸肉 2 片（約 260g）
板豆腐 1 個（約 300g）
鹽少許
黑胡椒粉少許

醬汁

醬油 2 大匙
米酒 2 大匙
味醂 3 大匙
糖 5g
麻油 5ml

作法

1 將雞胸肉、板豆腐切成小塊後，放入食物處理機，加鹽和黑胡椒粉。

2 用機器將肉餡打成泥。

3 用湯匙陸續取出大約 50g 左右的肉泥，一一放入鍋中煎至表面上色後，翻面續煎。

4 鍋中加入調好的醬汁，開中火加熱收汁至黏稠即可。

鑫鑫腸小章魚作法

將鑫鑫腸一端切開十字狀當章魚腳，放入平底鍋煎熟，並且放上兩顆芝麻當
眼睛即完成。

飯糰作法

粉色飯糰：甜菜根粉　　黃色飯糰：薑黃粉　　藍色飯糰：梔子花粉

將 50g 白飯與各 1g 並加入少許水的色粉拌勻後，分別放進便當盒中，加上
以海苔壓模器壓製的表情製成小豬皮傑、維尼、屹兒。

TiPS　此款造型便當的製作較麻煩，主要是調色部份要仔細調整和設計，但是成品卻
　　　深得孩子們的心，是會直呼「好可愛！」的一款便當。

蛋煎雞胸肉便當

看到熊熊抱著小雞的模樣時，真的覺得滿心的暖意。

設計這個便當想起孩子們很小的時候，我還能夠把她們橫抱著轉圈圈呢，

現在已經是好大的小女孩了，媽媽抱不起來了。

那麼就做個便當和她們一起分享吧！

這可是媽媽對小時候的妳們滿心的思念。

蛋煎雞胸肉

奶油煎櫛瓜 P.214

鹽麴拌炒四季豆 P.214

香烤澳洲紅蘿蔔 P.210

雙色玉子燒 P.185

海苔粉拌奶油柳松菇 P.213

食 材

雞胸肉 1 片
雞蛋 1 顆
食用油少許

調 味

美乃滋 1 小匙
鹽 1 小匙
糖 1 小匙

作 法

1 將雞胸肉切 1 公分左右的厚片備用。

2 將雞蛋打入攪拌盆中，放入調味料拌勻。

3 雞胸肉片放入攪拌盆中，仔細沾勻蛋液後取出。

4 鍋中放入少許的油，以中小火慢火細煎至熟。

3

4

熊熊飯糰

白飯 120g、醬油 5ml、無調味海苔

1. 取一調理碗，將白飯、醬油倒入後仔細拌勻，以保鮮膜把 100g 飯糰捏成橢圓形，耳朵各 10g、手各 5g，揉成半圓型和圓形後備用。

2. 組裝飯糰時，將熊頭擺在便當盒中下方，放上耳朵和手後，將雙色玉子燒放在手的下方，在熊頭和雙色玉子燒上擺上以海苔切割器切好的表情即可。

TiPS 利用一些小小的造型叉可以讓飯糰的造型更加分，像是熊熊頭上戴著一頂藍色小帽子，能增加便當的視覺焦點，也讓便當看起來更完整。

炸咖哩雞肉便當

家裡有兩個可愛的女孩，所以造型便當大多時候都是做成女孩的樣子，

而這個咖哩雞肉是孩子們少數可以接受的風味，

除了不那麼辛辣之外，還多了獨特的異國風味，

兩者相加就變成孩子在疲累的課程中間，最好的安慰。

炸咖哩雞肉

韓式辣味豆芽菜雞絲 P.229

汆燙秋葵 P.201

蛋皮花 P.32

涼拌風琴小黃瓜 P.217

蜂蜜醋漬紅蘿蔔 P.221

食 材

雞胸肉 1 片
食用油適量

調 味

咖哩粉 1 大匙
孜然粉 1 小匙
無糖優格 1 大匙
橄欖油 1 小匙
鹽 1 小匙

作 法

1 雞胸肉切塊後放入碗中,加入所有的調味料,用
手仔細拌勻後醃漬 20 分鐘。

2 取一鍋放入適量的炸油,以 170 度將雞肉炸熟即
可。

1-1

1-2

2

（ 蛋皮少女 ）

將大約 100g 白飯用手捏成橢圓型飯球。以玉子燒鍋製作三片蛋皮,一片放
在白飯上當瀏海,另兩片做成小蛋皮花,放在瀏海兩側即可。

TiPS 可以使用較小的 20 公分小鍋,並以半煎炸的方式來炸,孩子們能吃到雞肉軟嫩
口感和咖哩香氣,而不會吃入過多油脂。若是家裡有烤箱也可以用烤的喔!

泰式花生醬雞翅便當

因為女兒很喜歡吃雞翅，所以我每次料理時，總會想盡辦法讓她吃到最好吃的雞翅，
我這個媽媽就是這種傻乎乎追求料理讚美的傻勁。
我曾問過她有沒有心中排名？她說滷雞翅第一名，烤雞翅第二名，
於是媽媽做的烤雞翅就此發展出各種不同的口味，為了她一句好好吃，媽媽真的是拼了！

椰香花生醬烤雞翅

荷包蛋 P.55

醋漬紫高麗菜蘿蔔花 P.222

孜然風味炒蔬菜 P.215

帆立貝炒甜豆 P.236

食材

雞翅 1 盒（約 250g）

醃料

椰奶 30g
咖哩粉 1 茶匙
辣椒粉 1 茶匙
茴香籽 1 茶匙
黑胡椒粉少許
糖 1 茶匙
鹽少許
花生醬 15g

作法

1 將雞翅洗淨以餐巾紙拭乾；醃料先攪拌均勻後，
將雞翅放入醃漬 30 分鐘以上。

2 將雞翅排列在舖有烘焙紙的烤盤上，以氣炸烤箱
200 度烘烤 10 分鐘後，翻面續烤 10 分鐘上色即
可。

1-1

1-2

2-1

2-2

TiPS 這個用椰奶和咖哩粉一起醃漬後再烤的雞翅，充滿了異國風味，甜甜的口感也
讓孩子們接受度很高，搭配可愛的飯糰，更開心！

秋葵豬肉捲便當

很多人不喜歡吃秋葵，覺得秋葵黏黏的有點可怕，其實秋葵對胃很好，
所以我這個容易腸胃不適的媽媽，總是煮給孩子一起吃。
還記得女兒小時候吃副食品的後期，我就讓她們一根一根的拿在手上啃，
後來秋葵反而是她們最愛的蔬菜！
這個秋葵豬肉捲的作法，可以讓秋葵的黏呼感不那麼重，吃起來卻更香！

秋葵豬肉捲

水煮鯖魚片 P.238
蒜味鹽麴拌甜豆 P.211
巴薩米可醋烤小番茄 P.198

食材

里肌豬肉火鍋片 1 盒
（約 10 ～ 12 片）
秋葵 6 支
白芝麻少許

調味

米酒 2 大匙
醬油 2 大匙
味醂 2 大匙
蜂蜜 1 大匙

作法

1 將秋葵上方蒂頭以刀子削去；把兩片里肌肉片疊在一起後，放上一支秋葵並包覆。

2 陸續做完所有秋葵捲後，放入鍋中煎至表面金黃。

3 將調味料混合後，倒入步驟 2 的鍋中，開中火慢慢收汁，並持續翻動讓肉捲吸附湯汁。

4 起鍋後，將秋葵捲灑上芝麻並切半即可。

1-1

1-2

2

3

TiPS 收調味料湯汁時務必中小火慢收，不要開大火收汁，以免燒焦。

酥炸鮭魚便當

可愛的小海豹帶著海洋生物們一起躍然於小小的便當裡，孩子們看到時都會直呼好可愛！
這道酥炸鮭魚使用的是完全去骨的鮭魚菲力，小朋友吃得更安全。
媽媽偷偷偷渡了紅蘿蔔和洋蔥在鮭魚餡料裡，
讓看到炸物眼睛一亮的小朋友，都能一口接著一口開心吃進不喜歡的蔬菜。

酥炸鮭魚

蛋皮花 P.32

永燙秋葵 P.201

蟳味棒
請參考P.33竹輪
捲捲球的作法

橄欖油烤綜合蔬菜 P.196

食材

無骨鮭魚菲力 1 塊
（約 250g）
洋蔥 ½ 顆（約 60g）
紅蘿蔔 1 小塊（約 40g）
蛋 1 顆
麵粉 20g
麵包粉適量
炸油適量

調味

玫瑰鹽 1g
黑胡椒粉 1g

作法

1 鮭魚菲力切塊、洋蔥及紅蘿蔔切塊備用。

2 將步驟 1 的食材倒入食物處理器中，打入一顆蛋及加入麵粉，放入玫瑰鹽及黑胡椒粉後啟動開關，將魚肉泥打碎，留有一些塊狀口感。

3 用湯匙取出適量的鮭魚肉碎放入麵包粉中，仔細裹勻後整型成上寬下窄的形狀。

4 將剩餘的鮭魚碎肉都做成魚餅後，用 160～170 度油溫炸熟即可。

5 將炸好的鮭魚餅上方插上帽子造型叉，海苔壓模器壓出表情後，以美乃滋黏貼於鮭魚餅上即可。

3

4

TIPS 一定要用鮭魚菲力來做這道料理！而且在放入食物處理器前，務必要先用手摸清魚肉本身是否有殘留魚刺，沒有魚刺了才能放心使用。鮭魚含有豐富的多元不飽和脂肪酸和 DHA、EPA，對於孩子的成長發展很有幫助喔！

蒲燒鯛魚腹肉便當

我們家孩子們最喜歡吃的就是熱騰騰的魚了！我這個從小吃魚長大的澎湖女兒，

愛吃魚會吃魚，但也是從結婚後才開始練習怎麼煮魚，

從把魚片煎焦到後來煎香，都是需要一點點料理技巧的。

最重要的是，要有一個愛吃魚的好胃口呀！

買回來的鯛魚腹肉以蒲燒方式調製，不只香氣四溢，沒有其他添加物吃得更安心。

蜂蜜牛奶玉子燒 P.186

汆燙青花菜 P.204

奶油香煎蓮藕

請參考 P.69
奶油煎玉米
的作法

烤水果甜椒 P.194

蒲燒鯛魚腹肉

食 材

鯛魚腹肉 300g
（約 2 片）
白芝麻少許
蔥花少許
食用油少許

調 味

醬油 2 大匙
米酒 2 大匙
味醂 2 大匙
椰糖 3g

作 法

1 鯛魚腹肉先以少許米酒（份量外）淋上去腥，放置 10 分鐘；將調味料拌勻備用。

2 鍋中倒少許油，放入已擦拭乾的鯛魚腹肉煎香，一面上色後，再翻面續煎至上色。

3 倒入調好的調味料，以中火收汁約 4 ～ 5 分鐘。

4 完成後盛盤，撒上少許白芝麻和青蔥花即可。

TiPS 在煎鯛魚的過程中不要一直翻面，應等待一面熟成後再煎，由於鯛魚腹肉細緻柔軟，一直翻面的話會讓魚肉變得碎裂，影響最後成品的呈現。

做蛋包飯時，我最喜歡的口味就是簡單的番茄醬風味，

酸酸甜甜的味道再加上蛋皮一起吃，是孩子最喜歡的組合。

平時我在家做炒飯時會加很多其他的食材，

但是做成便當裡的蛋包飯時，反而簡單的風味更有魅力。

番茄醬風味蛋包飯

巴薩米可醋炒紅甜椒絲 P.210
奶油醬油綜合菇 P.196
蛋煎櫛瓜 P.134
日式燒肉醬烤雞小腿 P.227

食 材

白飯 300g
番茄醬 60g
鹽適量
醬油 1 大匙
黑胡椒粉少許
蒜頭 3 顆

調 味

蛋 3 顆
鹽少許
水 50ml

作 法

1 蒜頭切末備用。

2 在鍋中倒入少許油，放入蒜末拌炒至飄出香氣後，加入白飯拌炒。

3 將飯撥至鍋緣，在中間加入番茄醬、鹽、醬油及黑胡椒粉一同拌炒，再將白飯和醬料拌炒在一起。

4 待白飯與醬料完全混合後，取出置於盤中備用。

5 將蛋打入碗中，加入鹽拌勻後，以濾網過濾至攪拌盆中。

6 鍋中倒入少許油，加入步驟 5 中的蛋液後，搖晃鍋子使蛋液平均分佈於鍋中，成為薄薄一片蛋皮，以中小火將蛋皮煎熟後加蓋燜熟上方蛋液。

7 蛋液完全熟成後，小心取出置於盤中。

8 在蛋皮上先以模具壓出熊型，並放上一小碗（約 150g）的炒飯後包裹起來。

9 翻面後在熊型上放上裝飾海苔即可。

5-1　5-2　6　8

(蛋煎櫛瓜)

將櫛瓜切成 1 公分左右的厚片，蛋打入攪拌盆中攪拌均勻，將櫛瓜沾取蛋液入鍋煎熟即可。

TIPS　鍋中倒入蛋液後，除了將蛋液分布均勻外，就不要再動鍋子了，全程以中小火煎蛋皮，在蛋液快熟時蓋上蓋子，並關火燜 1 分鐘，就不用擔心蛋皮上層不熟了。

5
早餐野餐便當

「媽咪！明天早餐要吃什麼？」
這句話可能是我在當媽媽的「職業生涯」裡，最常聽到的一句話。
雖然孩子們都是在家吃早餐，但老公大白習慣把早餐帶著進公司吃，
所以我大部份都是幫他將早餐準備在便當盒裡。

既然是放在便當盒，那麼隨手帶著走的便當盒裡，
當然要放得豐富又滿滿的。
在這個單元裡，有我平日最常幫孩子、老公做的早餐，
從最基礎的吐司配料到飽足感的歐姆蛋都有，
可以滿足各種不同的早餐需求！

鮪魚蛋沙拉起司熱壓吐司

曾經有一段時間，我們家每天都可以看到熱壓吐司上桌，

孩子們點甜的、點鹹的，我總能變出各種不同風味的搭配組合。

某次學校的活動，我就做了四種不同風味的熱壓吐司，上桌沒幾分鐘就被搶光了！

這款鮪魚蛋沙拉和起司一起熱壓的吐司，就是我們家最常出現的一款經典款，

每次上桌總能讓孩子們開心吃完上學。

食材

鮪魚罐頭 1 罐
水煮蛋 3 顆
酸黃瓜醬 20ml

調味

沙拉醬 30ml
鮮奶油 10ml
鹽少許
黑胡椒少許
糖 1 小匙

作法

1 鮪魚罐頭打開後，將罐頭內的油脂倒出，可以留
一點油脂及水份；雞蛋煮熟後剝殼，以切蛋器切
碎。

2 在攪拌盆中加入步驟 1 食材及酸黃瓜醬，並放入
調味料後，攪拌均勻。

熱壓吐司

食材

全麥吐司 2 片
起司片 1 片
鮪魚醬適量

作法

1 取一片全麥吐司，舖上起司片及鮪魚醬。

2 以熱壓吐司機壓製 1 分 30 秒上色後，即可取出
切半裝盒。

TiPS 以這款鮪魚蛋沙拉為基礎，可以依照個人口味適當加入小黃瓜、巴西里碎、洋
蔥丁之類的其他配料，創造出更加多樣化的鮪魚蛋沙拉。

馬鈴薯鮪魚三明治

馬鈴薯鮪魚三明治是我從大學時期離家後，只要一想起就會做來吃的一道料理。
當年教我的，是我很敬重以及特別喜歡的老師和老師的母親，
還記得我們幾個小丫頭就在幾坪大的廚房裡，
看老師打沙拉醬、陪老師蒸馬鈴薯、濾掉鮪魚醬的湯汁，
做好後搭配著全麥吐司一起吃，陪我們度過當年考高中的青澀日子。

食材

馬鈴薯 3 顆
鮪魚罐頭 1 個
洋蔥 ½ 個（約 100g）
紅蘿蔔 100g
酸黃瓜醬 70g

調味

鹽少許
黑胡椒粉少許
沙拉醬 70g

作法

1 馬鈴薯和紅蘿蔔去皮後，放入電鍋中蒸熟，接著將馬鈴薯壓泥、紅蘿蔔切成小丁備用；洋蔥去皮後切半，切成細小丁狀，放入冷水中浸泡 10 分鐘去除嗆味後，取出濾水備用；鮪魚罐頭打開後，倒掉罐頭中的油脂。

2 在攪拌盆中加入蒸好壓好成泥的馬鈴薯，放入洋蔥、鮪魚片、紅蘿蔔丁及調味料後，仔細拌勻。

3 將步驟 2 的食材放入全麥吐司中，可搭配自己喜歡的蔬菜與配料。

1

2-1

2-2

3

TiPS 馬鈴薯請完全蒸熟，蒸熟後壓成泥時，可以依照個人口味來調整壓泥的程度，若是希望留點口感，可以不用壓得太碎喔！

味噌燒肉三明治

早餐來份飽口的燒肉三明治如何呢？

這個洋蔥味噌燒肉很適合先醃漬好，分成一小份一小份放在冰箱裡。

若是需要使用時，取出炒好就可以了。

味噌催化牛肉片在醃漬後變得柔軟可口，只要適當搭配吐司和其他配料，

即使是當成輕食午餐也很適合。

食 材

洋蔥半顆
雪花牛肉 1 盒（約 150g）

醃 醬

味噌 1 大匙
醬油 1 小匙
米酒 1 大匙
味醂 1 大匙
糖 ½ 大匙
麻油 1 小匙

作 法

1 將洋蔥切半去除硬皮後切絲，牛肉取出後切片，和洋蔥絲一起放入攪拌盆中。

2 將調味料放在一起拌勻後，拌入步驟 1 中，接著放入保鮮盒中醃漬 20 分鐘。

3 在鍋中加入少許油，將洋蔥味噌牛肉放入鍋中，以中火拌炒至熟即可。

4 將牛肉放入加了生菜、厚蛋、番茄片和生洋蔥的吐司上，再放上另一片吐司即成為美味的三明治。

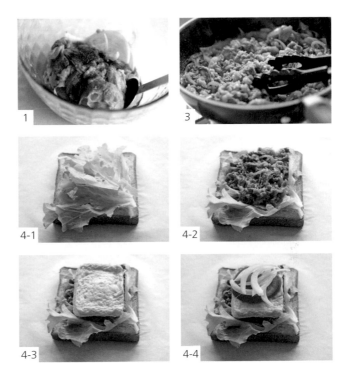

1　3　4-1　4-2　4-3　4-4

 建議搭配：**全麥吐司、生菜、牛番茄片、厚煎蛋**

TIPS 在裝吐司時，可以裁切一大片烘焙紙，將吐司完成後用烘焙紙完整包起，再以麵包刀從中切半，即可讓吐司維持完整形狀。

水果鮮奶油英格蘭堡

早餐很想吃點甜的，水果加鮮奶油一定很搭！
因為是要攜帶出門的，所以鮮奶油打得稍硬，並且在便當袋裡加上一個保冷劑，
就可以吃到甜蜜可口的水果鮮奶油堡了！

食　材

英格蘭堡 2 個
奇異果 1 顆
甜橙 1 個
藍莓數個

鮮奶油醬

鮮奶油 200ml
細白砂糖 18g

作　法

1　奇異果去皮後切成約 1 公分左右的小塊狀；甜橙去皮去籽，切成約 1 公分左右的小塊狀；藍莓洗淨備用。

2　在攪拌盆中倒入鮮奶油，保持乾燥無水，分兩次加入細白砂糖，以攪拌棒打至前端尖挺後，裝入擠花袋備用。

3　將英格蘭堡從中間掰開，擠入步驟 2 的鮮奶油後，放上水果丁裝飾。

TiPS 水果可以依照自己的喜好替換，最好是酸的水果搭配甜的水果，也可選擇黃色、綠色、紅色、紫色，多種色彩的水果，再依照不同的切法，搭配自己喜歡的水果堡。

飽足水果法式吐司

從小吃法式吐司的時候，每次都一定是配肉鬆啊（笑）！
這款南部小孩的吃法，來到中部後好像就比較不常見了！
這道法式吐司的配方，我自己反覆調整過蛋奶醬的比例，
但還是會依照每款吐司的吸水量不同，煎起來、吃起來也不太一樣
大家可以依照自己的口味來調整！

食 材

厚片吐司 3 片
奶油 10g
煉乳適量
防潮糖粉適量
喜歡的水果適量

蛋 奶 醬

鮮奶油 50ml
蛋 2 顆
牛奶 150ml
鹽 1g
白砂糖 5g

作 法

1 將蛋奶醬混合後備用。

2 取一個平盤，在盤中倒入蛋奶醬後，放入厚片吐司浸泡 20 分鐘至完全吸飽湯汁。

3 鍋中放入一小塊奶油及少許的食用油，待融化後放入浸好的厚片吐司，並以中小火煎至金黃。

4 取出後加入自己喜愛的水果，並淋上煉乳、撒上糖粉即可。

TiPS 更奢華的一種吃法是，將煎好的法式吐司放在烤盤上，撒上砂糖、加上奶油，送進烤箱烤得表面酥脆，更有風味喔！

開放式日式燒肉生吐司

生吐司是近幾年特別受到歡迎的早餐選擇，柔軟的質地不管是什麼年齡層都可食用。

生吐司最好先用烤箱烤過，外酥內軟的口感很受小朋友喜歡。

而將日式燒肉的料理放在生吐司上，特別能夠讓生吐司吸附湯汁，

是很成人風味的一款早餐吐司。

食 材

生吐司 1 片
牛肉片 200g
紅蘿蔔 50g
洋蔥 ½ 顆
食用油少許

調 味

日式燒肉醬 2 大匙
水適量
糖 1g
蒜泥 3g

其餘食材

生菜
白芝麻
芹菜珠
蔥花

作 法

1 牛肉片分開為單片、紅蘿蔔去皮後刨成絲、洋蔥去皮後切絲。

2 鍋中放入少許油,將洋蔥和紅蘿蔔炒至透明柔軟後,加入牛肉片一同拌炒。

3 將步驟 2 的食材往鍋邊撥,鍋中放入糖和蒜泥混合拌炒後,再撥回鍋邊食材拌炒。

4 加入日式燒肉醬和適量的水,將燒肉煮至適合濃度。

5 生吐司送進烤箱,以 180 度烤 5 分鐘至表面上色酥脆後取出。

6 在生吐司上放生菜、日式燒肉,並撒上適量白芝麻和芹菜珠、蔥花即可。

TiPS · 開放式吐司可能會堆疊得較高,可以利用有高度的便當盒盛裝比較適合,建議一定要加芹菜珠和蔥花解膩,加上柔軟的生吐司吃起來會更平衡;喜歡吃辣的記得加點辣椒醬更好吃!

· 生吐司因為特別柔軟,所以務必要烤過後再添加其他食材上去,以免未烤的生吐司吸入過多湯汁而變得扁塌。

酪梨冷燻鮭魚歐姆蛋

冰箱裡只要有蛋，就很讓人放心！

尤其是可以做出各種不同風味的歐姆蛋，是我最喜歡的一種料理方式。

半月型的歐姆蛋加入起司後，就像是一個裝滿寶藏的小盒子，

用刀切開後看著蛋液裡包裹好多料，就覺得太幸福了！

食 材

酪梨 1 顆
冷燻鮭魚 1 片
黃甜椒 ¼ 個
紅甜椒 ¼ 個
毛豆 10g
蛋 3 顆
起司片 1 片

調 味

鹽 0.5g
牛奶 50ml

作 法

1 酪梨從中剖半，將籽取出後並切片；將黃甜椒和紅甜椒切成小丁，與毛豆一起汆燙至熟後取出備用；冷燻鮭魚手剝成小塊。

2 在攪拌盆中打入三顆蛋，加入鹽和牛奶拌勻備用。

3 在小鍋中加入少許橄欖油（份量外），加熱後轉小火，倒入蛋液以煎鏟攪拌均勻，接著在上面放上冷燻鮭魚、甜椒丁、毛豆和起司片、酪梨片。

4 待起司融化後，用煎鏟將歐姆蛋翻面呈半圓形，並將邊緣仔細壓實即可。

TiPS 煎歐姆蛋的時候很需要火候的控制，最好是全程都以小火來進行，會比較容易成功。在製作歐姆蛋時也需要注意蛋液熟成的程度，多練習幾次，一定可以提高成功率！

清爽檸檬雞胸肉早餐盒

早上帶一盒舒服簡單的早餐盒去上班真的好開心！
經過一晚的熟成和軟化，雞胸肉已經在玻璃保鮮盒裡逐漸變成好吃柔軟，
再加上簡單卻色彩豐富的配菜，一個早上的活力都能由此而來。

食材

雞胸肉 2 片（約 300g）

醃料

檸檬汁 20ml
玫瑰鹽少許
黑胡椒粉少許
橄欖油 20ml
義大利香料 1g
檸檬百里香 5 枝

作法

1 將雞胸肉以餐巾紙拭乾，和醃料一起放入玻璃保鮮盒中醃漬 1 小時以上，隔夜最佳。

2 從玻璃保鮮盒中取出雞胸肉，在平底鍋中放少許油，煎熟即可。若是厚度較厚，在雙面都煎了 3 分鐘左右後，可以利用鋁箔紙包起雞胸，靜置 10 分鐘後再切，即是十分軟嫩的檸檬雞胸肉。

早餐盒配菜

食材

蘆筍
蘑菇
小番茄
雞蛋和鮮奶油

作法

1 鍋中放入約 5g 的奶油，融化後加入處理好的蘆筍、蘑菇、小番茄一同拌炒至熟，並撒上鹽和黑胡椒調味。

2 將雞蛋 3 顆打入攪拌盆中，倒 20ml 的鮮奶油，加少許鹽，攪拌均勻後，放入小鍋炒出柔滑的滑蛋。

TiPS 建議若是可以，請提前將雞胸肉醃漬一晚，藉由檸檬軟化雞胸肉肉質，風味更佳。靜置後的湯汁可以淋在雞胸肉上，是天然可口的調味醬料。

羽衣甘藍飯捲

吃膩了海苔包飯，就用蔬菜來包飯吧！

之前曾經在許多食譜上看到用汆燙的蔬菜來包飯，

但我自己試驗過幾次後發現，只有單獨包飯有點無趣，

那就像海苔飯捲一樣多包點其他食材，更加豐富味蕾！

食 材

糙米飯 200g
羽衣甘藍 4 ～ 5 支
豬肉片 150g

調 味

韓式包飯醬 1 大匙
韓式麻油 1 大匙
白芝麻 2g
糖 2g

作 法

1 羽衣甘藍洗淨後，放入滾水中汆燙 30 秒至熟，稍微擰乾後舖平。

2 豬肉片汆燙至熟、糙米飯加入調味料後拌勻備用。

3 盤中放一張保鮮膜，放上羽衣甘藍、豬肉片，及調味好的糙米飯後捲起來並切半。

4 便當盒中放入羽衣甘藍飯捲，配菜可以依照個人喜好加入。

TIPS 許多超市現在都能看到的羽衣甘藍，大片捲曲，用來包裹食材很方便，當然也能使用其他單獨葉片的蔬菜，如大葉片的小松菜也很適合！

蔬菜煎餅早餐盒

最佳的隔日剩飯料理在這裡（笑）！

某日因為晚餐的剩飯太多，想著好想要把它變成另一道料理啊！

於是就依循著韓式煎餅的概念，把冰箱裡剩下的食材拼拼湊湊混在一起，

不用特別在意比例，如果煎餅太過鬆散就多加點飯或蛋，

如果太過紮實就加點蔬菜來成就一片完美的煎餅囉！

食材

糙米飯 150g

紅蘿蔔 ½ 根（約 100g）

櫛瓜 ½ 根（約 100g）

玉米粒 50g

蛋 1 顆

蔥 1 支

調味

鹽少許

黑胡椒粉少許

橄欖油 1 大匙

煙燻紅椒粉 1 小匙

作法

1 紅蘿蔔和櫛瓜刨成絲、青蔥切成蔥花後備用。

2 將步驟 1 放入攪拌盆中，加入糙米飯、玉米粒和蛋、蔥花及所有調味料。

3 完全拌勻後，用大勺子一勺一勺的放入鍋中，並以煎匙壓平及整型成圓型。

4 一片煎好後翻面續煎，直至煎餅熟透即可。

5 可以在煎餅上放一片香菜裝飾。

TIPS 這個煎餅在煎的時候可能會比較鬆散一點，可以多加一顆蛋或是一點點米飯增加黏稠度，若是需要，利用冰淇淋勺來挖煎餅也可以讓份量一致，形狀更好看喔！

6

暖心湯品

煮湯的手續可繁可簡，而我在忙碌的早晨，只想選簡單的來做啊！
於是就有了這十道簡單做又好好喝的湯。
備料不複雜，只要有一口 20 公分的小鍋子，
還有前一晚做好的高湯或是常備高湯包，
就能夠在冷冷的冬天早晨裡，順利的做好便當與搭配的湯品，
一起暖暖的度過午餐時光！

南瓜毛豆濃湯

小女兒不愛南瓜、地瓜、絲瓜，反正除了西瓜之外的瓜類她都棄如敝屣。為了讓她吃進南瓜，我想盡辦法用燉的、用蒸的、用煎的，試了各式料理，只有這道湯品她才吃，而且非常愛。南瓜柔軟的風味和厚培根脆脆的口感相互搭配，很適合在秋日裡品嚐，淋上一點點鮮奶油增加甜味，讓孩子一喝愛上。

食 材

中型南瓜 1 顆
冷凍毛豆 30g
洋蔥 1 顆
厚煙燻培根 10g
雞高湯 300ml
牛奶 250ml
奶油 15g
食用油少許

調 味

鹽少許
黑胡椒粉少許
鮮奶油少許

作 法

1 將南瓜削皮後，以電鍋蒸熟至軟；洋蔥去皮後切絲備用；厚煙燻培根切成 1 公分左右的小丁。

2 湯鍋中放入少許油，用小火炒香洋蔥至焦糖化後，放進奶油繼續拌炒至洋蔥呈現淺褐色。

3 將蒸熟的南瓜放入步驟 2 的鍋中，加入毛豆、雞高湯和牛奶，續煮 5 分鐘後，以手持攪拌棒攪打成泥狀。

4 取另一小鍋將培根煎至焦脆。

5 碗中放入濃湯，加入培根脆、鹽、黑胡椒粉後，淋上少許鮮奶油即可。

TiPS 如果需要細緻一點的口感，可在喝之前先以濾網過濾濃湯，讓雜質留在濾網上。但我比較喜歡有點食物質感的濃湯，感覺加塊麵包吃都很棒！這部份可以依照個人口感來選擇喔！

醒
胃番茄蛋花湯

這是一道很適合用來做成早餐，也是在冷冷的冬天裡和便
當一起搭配食用的湯品，內容不複雜但營養滿滿。有時候
便當裡的主菜味道稍重時，就很適合來一道清爽的湯品，
讓口裡的負壓不那麼重。黃澄澄的蛋液在高湯裡飄浮著，
看到都覺得活力滿滿了。

食材

小型牛番茄 2 顆
蛋 2 顆
鴻喜菇 ½ 包
高湯 750ml

調味

米酒 1 小匙
鹽少許
香油少許
白胡椒少許
蔥花適量

作法

1 把牛番茄去除蒂頭後，在底部劃十字刀痕，放入盤中，以微波爐加熱 1 分鐘，去除外皮，切塊備用；將蛋打入攪拌盆中拌勻備用、鴻喜菇去除菇腳後剝絲。

2 湯鍋中放入高湯、牛番茄和鴻喜菇煮滾後，倒入蛋花，等大約 30 秒稍微凝固後再加入鹽、米酒拌勻。

3 最後撒上蔥花及白胡椒，淋上香油即可。

1-1　　1-2　　1-3　　2-1　　2-2　　3

TIPS 使用微波爐來將牛番茄去皮，可以讓早晨的準備時間不會那麼倉促。我自己是習慣在煮類似番茄湯時，要將番茄去皮，以免在湯裡吃到較不好食用的番茄皮，孩子們也不太喜歡。先將番茄去皮後的番茄蛋花湯，喝起來感覺特別順口喔！

澎湖海菜丸子湯

父親是澎湖人，從小我就在可以吃到許多新鮮漁獲的環境裡長大，而澎湖海菜湯則是我小時候最喜歡的湯。媽媽會用澎湖海菜加很多不同的配料煮成湯，最常用的當然就是海味一樣十足的鱈魚丸或虱目魚丸，有時加上一點乾燥蝦仁、一點蟳味棒，這樣煮成的湯真的鮮美無比！澎湖海菜是百搭體質啊！

食 材

冷凍澎湖海菜 20g
鱈魚丸或虱目魚丸 100g
蛋 1 顆

調 味

水 750ml
薑 1 小塊
昆布粉 1 小匙
鹽少許
白胡椒粉適量

作 法

1 冷凍澎湖海菜可不用退冰，切成適合重量即可；
蛋打散攪拌均勻、薑切成薑絲。

2 鍋中放入薑絲和昆布粉攪散後煮滾，再加入澎湖
海菜煮至海菜分散。

3 接著放入鱈魚丸，轉小火加蓋煮 10 分鐘。

4 起鍋前加入打散的蛋，形成凝固的蛋花後關火，
放適量的鹽和白胡椒調味。

TiPS 若是可以，請盡量尋找到正統澎湖海菜來作這道湯品，澎湖海菜的風味豐厚濃
郁，嚐起來有很重的海味，這也是它特別的地方！

韭菜菇菇肉絲湯

先炒肉，再煮湯！這道湯的風味來源就是藉由炒過的肉來做成濃郁的高湯，韭菜的香氣在這道湯裡很重要，它是平衡並且讓整體風味更升級的角色。我很喜歡韭菜在湯裡的風味，嚐起來有著淡淡的清爽，和便當一起搭配著吃，特別有味道。

食材

韭菜 2 根（約 15g）
鴻喜菇 ½ 包
豬肉絲 50g
高湯 750ml
食用油 1 小匙

醃料

米酒 1 小匙
醬油 1 小匙
糖 1 小匙

調味

鹽少許
白胡椒粉少許

作法

1 將豬肉絲先以米酒及醬油、糖醃漬 10 分鐘。

2 韭菜切末、鴻喜菇去除菇腳後剝絲備用。

3 鍋中放一小匙油，先炒香豬肉絲至焦香斷生後，再加入高湯並煮滾。

4 放入鴻喜菇續煮，再加入韭菜末煮 1～2 分鐘後，撒鹽和白胡椒粉調味即可。

1-1　1-2　3　4-1　4-2

TiPS　先醃過的肉絲炒過後香氣更濃郁，再加入本來就有鮮味的高湯，更有醇厚風味。

味噌豬肉蘿蔔湯

味噌、蘿蔔、豬肉、洋蔥,這道我們在電視上經常看到的湯品,可以用早晨 15 分鐘就做出來,而且很方便!主要是將蘿蔔直接切成薄片,才能快速熟成,不用煮得太久。豬肉片也可以使用自己喜歡的部位,若是用油花較多的五花肉片,則盡可能的將浮沫撈除才不會太油喔!

食材

梅花豬肉片 5 ～ 6 片
紅蘿蔔 ¼ 根（約 50g）
白蘿蔔 ¼ 根（約 50g）
洋蔥 ½ 顆
高湯 750ml
食用油少許

調味

味噌 1 大匙
白胡椒粉適量
蔥花少許

作法

1 將梅花豬肉片切成小片狀、紅白蘿蔔去皮後切成薄片、洋蔥切絲、味噌先以少許開水泡開避免結塊。

2 鍋中倒一點點油，放入洋蔥絲拌炒至透明柔軟後，加入高湯一同煮開。

3 放入紅、白蘿蔔片後續煮 10 分鐘。

4 加入梅花肉片後撈除浮沫，再倒入味噌煮 2 分鐘，關火撒上少許白胡椒、蔥花即可。

TiPS 味噌也可以直接取用高湯來融化，以避免整坨味噌在湯裡化不開。

蘿蔔鯛魚清湯

可能是因為從小喝魚湯的關係，媽媽教我做魚湯時總少不了幾個重要的配料：蔥、薑、酒。除了要將湯先煮出風味外，更要將魚本身的鮮美煮出來。這道早晨能夠速成的魚湯，用的是已經片成一整片的鯛魚腹肉，可以迅速完成，也沒有什麼渣渣需要撈除，很適合早晨準備。

食 材

鯛魚腹肉 2 片
白蘿蔔 50g
青蔥 1 支

調 味

高湯 750ml
鹽少許
香油和白胡椒粉適量
米酒 1 小匙

作 法

1 鯛魚腹肉片以逆紋切成薄片、白蘿蔔去皮後切
   絲、青蔥斜切成小段。

2 鍋中放入高湯和白蘿蔔絲煮約 3 分鐘至透明後,
   加入鯛魚腹肉煮至魚肉變色。

3 加入青蔥段,煮約 30 秒後關火,倒入鹽、香油
   和白胡椒粉調味,最後放米酒。

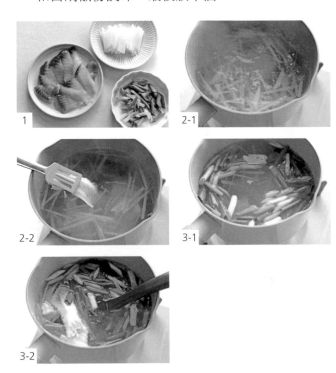

TiPS 這道湯品沒加薑,而是利用蘿蔔的清甜和鯛魚片的鮮美來搭配,若是早上太忙
來不及,可以前一晚先預備好蘿蔔切絲、魚片切片的工作,能省略不少麻煩。

紅蘿蔔洋蔥培根湯

女兒很喜歡紅蘿蔔，所以每次這道湯煮好時，最先被吃光的永遠的是紅蘿蔔（笑）。家裡的兩隻小兔子很喜歡在湯裡尋找細細的培根和紅蘿蔔，然後再一起吃掉它。檸檬片在湯裡可以帶來一絲絲微微的酸味，有效平衡湯裡培根的煙燻風味，小朋友也會很愛。

食材

培根 2 片
牛番茄 1 顆
紅蘿蔔 50g
洋蔥 ½ 顆
檸檬片 1 片
食用油少許

調味

高湯 750ml
鹽少許
冷壓初榨橄欖油 1 大匙
乾燥香草香料適量
黑胡椒粉適量

作法

1 牛番茄在底部用刀劃十字後，放入微波爐微波 30 秒，取出後去皮切塊；洋蔥去皮後切絲、培根切成粗絲、紅蘿蔔切薄片備用。

2 鍋中放油，加入洋蔥拌炒至柔軟，培根絲續炒至焦糖色後，倒人高湯煮至沸騰。

3 加入其餘食材（檸檬片除外）煮 10 分鐘。

4 關火，放檸檬片，加入其餘調味料拌勻即可。

TiPS 培根炒得焦香，在湯裡的風味釋出就會更好！最後加入的初榨橄欖油，會在湯裡增加一點原本的湯沒有的風味，建議不要省略喔！

雞肉蔬菜豆乳湯

使用豆漿來煮湯時，裡頭煮的食材也很重要。像這道湯裡的白紅蘿蔔，就為湯品增加了甜度、雞腿肉增加了鮮度，平時如果沒時間做高湯，利用家裡常備的豆漿或牛奶，都可以成為很棒的高湯，也能吃到更不同的豐富風味。

食材

去骨雞腿排 2 片
紅蘿蔔 ½ 根
白蘿蔔 ½ 根
玉米粒 50g
青蔥 1 支

湯底

無糖豆漿 500ml
飲用水 500ml

調味

味噌 1 大匙
鹽和白胡椒少許

作法

1 去骨雞腿排拭乾後切塊備用、紅白蘿蔔去皮後滾刀切塊、青蔥切成蔥花、玉米粒濾水備用。

2 湯鍋中放入無糖豆漿和飲用水後,加熱煮滾。

3 放入步驟 1 中已經處理好的食材,再次煮滾撈除浮沫後,加入味噌調味,加蓋持續燉煮 10 至 15 分鐘後,再依個人口味添加鹽和白胡椒,最後擺放蔥花。

4 可依個人口味增加一點點辣椒粉或七味唐辛子。

TiPS 利用無糖豆漿來增加湯底的濃郁,加入味噌不僅意在調味,也能讓湯底的風味更加豐厚,有大量蔬菜和雞肉的湯品很具飽足感喔!

韓式牛肉海帶湯

每次看韓劇時,看到韓國人生日時喝的海帶湯,總是會勾起我無限的好奇心,於是在家試做了很多次,這才發現原來在湯裡面也可以加醬油來增加風味!加了醬油的湯有很濃厚的醬香味,還有豐富的麻油香,喝到時覺得很舒服,帶便當時也能把這道湯品做成一道小主菜,提供飽足感。

食 材

海帶芽 5g
牛肉片 100g
洋蔥 ½ 顆
蔥 1 支
高湯 750ml
白芝麻適量

醃 料

米酒 1 大匙
韓國麻油 1 小匙
醬油 1 小匙
糖 1 小匙

調 味

韓國麻油 1 大匙
蒜泥 2 小匙
醬油 1 小匙
鹽少許
糖 1 小匙

作 法

1 牛肉片切半後,加入醃料醃漬 10 分鐘入味;洋蔥切絲、青蔥斜切成小段。

2 鍋中放入麻油、洋蔥和醃漬好的牛肉片拌炒至半熟後,加入高湯煮至沸騰,並撈除浮沫。

3 加入乾燥海帶芽續煮至海帶芽還原,倒入調味料後,撒上青蔥段和白芝麻即可。

TiPS 湯裡加入醬油、蒜泥,讓這道湯喝起來更有風味,蒜泥可以依照個人口味來調整。

蚵仔金針湯

從小就是海鮮胃的我，也養出了非常喜歡海鮮的兩個女兒，其中蚵仔就是她們的最愛之一。這道湯品是在一個巧合下做出來的，沒想到非常搭配。女兒們特別喜歡乾燥金針煮好後的湯，喝來甘甜無比，再加上蚵仔的鮮美風味，每次有這道湯時都會被女兒們秒殺！

食 材

蚵仔 150g
乾燥金針 10g
薑 1 小塊
青蔥 1 支
高湯 750ml

調 味

香油少許
白胡椒粉少許
米酒 1 小匙

作 法

1 蚵仔以清水仔細小心淘洗 3 ～ 4 次、乾燥金針花以飲用水略為洗淨、薑切成薑絲、青蔥切成蔥花備用。

2 鍋中放入高湯和乾燥金針花、薑絲煮開，後加入蚵仔一同續煮 1 ～ 2 分鐘。

3 最後加入調味料及蔥花即可。

TIPS 蚵仔不要在湯裡煮得太久，以免縮小後口感不佳。

7

常備菜

蛋類常備菜

只要家裡有蛋，就放心！
做便當其實很需要思考菜單的內容是否均衡，雖然有時候光是思考主、副菜的搭配就令人頭疼，但是只要冰箱有蛋，就能夠創造出許多種不同的蛋類常備菜，無論是黃澄澄的玉子燒、風味豐富的烘蛋、醬香味濃的溏心蛋都行，放在冰箱裡並且標示好製作的日期及賞味期限，就能為便當及時加分。

玉子燒的捲法

Step 1
攪拌盆中打入蛋液，加入調味料。

Step 2
快速將蛋液和調味料融合。

Step 3
用濾網將蛋液仔細過濾。

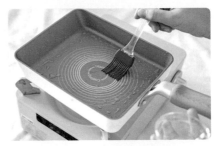

Step 4
用小刷子將玉子燒鍋塗上薄薄的
油。

Step 5
倒入適量的蛋液。

Step 6
煎至半熟，往自己的方向捲起第
一層蛋液。

玉子燒的捲法

Step 7
捲好後將蛋捲往前推，再塗上薄薄
的油後倒入蛋液。

Step 8
將第一層蛋捲稍微抬起，蛋液往
前滑，再放下第一層蛋捲。

Step 9
待蛋液熟成後，往自己的方向推回。

Step 10
利用鍋鏟將玉子燒整型。

Step 11
玉子燒放至捲簾上捲起。

Step 12
用橡皮筋將兩端綁好後靜置 10 分
鐘即可。

🥚 玉子燒

海苔玉子燒

食材　雞蛋 3 顆、海苔片 3 片

調味　鹽 ½ 小匙、糖 ½ 小匙、日式高湯 50ml

作法

1 將雞蛋打入攪拌盆中,加入鹽、糖和日式高湯攪拌均勻。

2 取一個濾網將蛋液過濾至另一個碗中。

3 以玉子燒捲法在第一、二層蛋液中放入海苔片後捲起。

4 放入捲簾中捲好,冷卻 10 分鐘後,再拆開切片即可。

保存時間及方式:冷藏 2 日、冷凍 5 日

食材　雞蛋 3 顆、起司片 2 片

調味　鹽 ½ 小匙、糖 ½ 小匙、牛奶 50ml

作法

1 將雞蛋打入攪拌盆中,加入牛奶和鹽、糖仔細攪拌均勻。

2 取一個濾網將蛋液過濾至另一個碗中。

3 以玉子燒捲法在第一、二層蛋液中放入起司片後捲起。

4 放入捲簾中捲好,冷卻 10 分鐘後,再拆開切片即可。

保存時間及方式:冷藏 2 日、冷凍 5 日

起司玉子燒

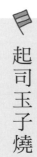

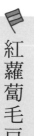

食材　雞蛋 3 顆、紅蘿蔔 20g、毛豆 10g

調味　鹽 ½ 小匙、糖 ½ 小匙、牛奶 50ml

作法

1　紅蘿蔔以刨片器刨成薄片後，用花模切下數片紅蘿蔔花片；毛豆放入小碗中，加少許水後覆蓋保鮮膜，以微波爐加熱 30 秒後取出切碎備用。

2　將雞蛋打入攪拌盆中，加入鹽、糖、牛奶和毛豆碎後仔細拌勻備用。

3　將蛋液以玉子燒的燒製方式將之成型，做到最後一層時在蛋液層放紅蘿蔔花薄片，蛋液熟成後捲起。

4　將蛋捲放入捲簾中捲好，放置冷卻 10 分鐘後，再拆開切片即可。

保存時間及方式：冷藏 2 日、冷凍 5 日

培根玉子燒

食材　雞蛋 3 顆、煙燻培根 3 片

調味　鹽 ½ 小匙、糖 ½ 小匙、牛奶 50ml

作法

1 煙燻培根 3 片從中切半備用，共分為 6 片。

2 將雞蛋打入攪拌盆中，加入鹽、糖、牛奶後仔細拌勻備用。

3 將蛋液以玉子燒的燒製方式成型，每倒一層蛋液就放 2 片培根，再捲起、倒蛋液、放培根，直至完成。

4 將蛋捲從鍋中倒出，放置冷卻 10 分鐘後，再切片即可。

保存時間及方式：冷藏 2 日、冷凍 5 日

雙色玉子燒

食材　雞蛋 3 顆

調味　鹽 ½ 小匙、糖 ½ 小匙、牛奶 50ml

作法

1 蛋白與蛋黃分別放入兩個不同的攪拌盆裡，並都加入鹽、糖和牛奶仔細攪拌均勻後以濾網過篩。

2 玉子燒鍋中先將蛋白以玉子燒的燒製方式做成蛋捲，做好後取出，原鍋倒入蛋黃混合液，放入蛋白玉子燒後捲起。

3 將蛋捲放入捲簾中捲好，放置冷卻 10 分鐘後，再拆開切片即可。

保存時間及方式：冷藏 2 日、冷凍 5 日

珠蔥蟳味棒玉子燒

食材　雞蛋 3 顆、蟳味棒 2 個、珠蔥 2 根

調味　鹽 ½ 小匙、糖 ½ 小匙、牛奶 50ml

作法

1　珠蔥洗淨後擦乾,切成珠蔥花;蟳味棒撕去外層塑膠膜後,維持形狀備用。

2　將雞蛋打入攪拌盆中,加入鹽、糖、牛奶和珠蔥花後仔細拌勻備用。

3　做第一層蛋捲時在蛋液的前端放入蟳味棒,將之捲起後再倒入其他蛋液,以玉子燒的方式將之成型。

4　將蛋捲放入捲簾中捲好,放置冷卻 10 分鐘後,再拆開切片即可。

保存時間及方式：冷藏 2 日、冷凍 5 日

食材　雞蛋 3 顆、蜂蜜 1 大匙

調味　鹽 1 小匙、糖 1 小匙、牛奶 50ml

作法

1　將雞蛋打入攪拌盆中,加入蜂蜜和牛奶攪拌均勻後放入調味料拌勻。

2　以玉子燒的燒製方式將之成型。

3　放入花型捲簾中捲起,放置冷卻 10 分鐘後,再拆開切片即可。

保存時間及方式：冷藏 2 日、冷凍 5 日

蜂蜜牛奶玉子燒

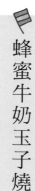

番茄秋葵烘蛋

食材　雞蛋 3 顆、牛番茄 ½ 顆、秋葵 3 根、食用油 2 大匙

調味　鹽 ½ 小匙、糖 ½ 小匙、牛奶 50ml

作法

1　牛番茄去籽後切丁、秋葵汆燙後切厚片。

2　將雞蛋打入攪拌盆中，加入鹽、糖和牛奶仔細拌勻後，倒入步驟 1 的牛番茄丁和秋葵片拌勻。

3　小鍋中放入 2 大匙油，以中小火燒熱後倒入步驟 2 的蛋液，加蓋稍微燜熟。

4　大約 3 分鐘後取下蓋子，以鍋鏟翻面續烘 2 分鐘即可。

保存時間及方式：冷藏 2 日、冷凍 5 日

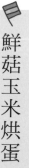

鮮菇玉米烘蛋

食材　雞蛋 3 顆、鴻喜菇 ¼ 包、熟玉米粒 20g、食用油 2 大匙

調味　鹽 ½ 小匙、糖 ½ 小匙、牛奶 50ml

作法

1　鴻喜菇去除菇腳後，手剝成絲備用；熟玉米粒濾乾水份。

2　將雞蛋打入攪拌盆中，加入鹽、糖和牛奶仔細拌勻後，倒入步驟 1 的鴻喜菇和玉米粒拌勻。

3　小鍋中放入 2 大匙油，以中小火燒熱後倒入步驟 2 的蛋液，加蓋稍微燜熟。

4　大約 3 分鐘後取下蓋子，以鍋鏟翻面續烘 2 分鐘即可。

保存時間及方式：冷藏 2 日、冷凍 5 日

火腿洋蔥烘蛋

食材　雞蛋 3 顆、火腿 3 片、洋蔥 ½ 顆、食用油 2 大匙

調味　鹽 ½ 小匙、糖 ½ 小匙、牛奶 50ml

作法

1　火腿、洋蔥切成小丁備用。

2　將雞蛋打入攪拌盆中，加入鹽、糖和牛奶仔細拌勻後，加入步驟 1 的火腿丁和洋蔥丁拌勻。

3　小鍋中放入 2 大匙油，以中小火燒熱後倒入步驟 2 的蛋液，加蓋稍微燜熟。

4　大約 3 分鐘後取下蓋子，以鍋鏟翻面續烘 2 分鐘即可。

保存時間及方式：冷藏 2 日、冷凍 5 日

紹興酒漬溏心蛋

食材　常溫蛋 5 顆、水 600ml

調味　醬油 50ml、味醂 50ml、紹興酒 50ml、水 50ml

作法

1　將常溫蛋和水一起加入鍋中，計時器按下 7 分 30 秒，開大火煮滾後轉中火續煮，計時結束後將蛋撈起泡冰塊水，並在每顆蛋上以湯匙敲一個空隙放回水中，靜待 5 分鐘。

2　將蛋殼剝除後備用。

3　將醬汁放入小鍋中煮滾，放冷後加入步驟 2 的蛋，送進冰箱冷藏一晚，隔天即可食用。

保存時間及方式：冷藏 3 ～ 4 日

醬香溏心蛋

食材　常溫蛋 5 顆、水 600ml

調味　醬油 50ml、味醂 50ml、米酒 50ml、水 50ml

作法

1 將常溫蛋和水一起加入鍋中，計時器按下 7 分 30 秒，開大火煮滾後轉中火續煮。

2 計時結束後將蛋撈起泡冰塊水，並在每顆蛋上以湯匙敲一個空隙放回水中，靜待 5 分鐘。

3 將蛋殼剝除後備用。

4 將醬汁放入小鍋中煮滾，放冷後加入步驟 2 的蛋，冰入冰箱靜置一晚，隔天即可食用。

保存時間及方式：冷藏 3 ～ 4 日

食材　常溫蛋 5 顆、水 600ml、紅玉茶 3g、昆布 2g

調味　醬油 50ml、味醂 50ml、米酒 50ml、水 50ml

作法

1 將常溫蛋和水一起加入鍋中，計時器按下 7 分 30 秒，開大火煮滾後轉中火續煮。

2 計時結束後將蛋撈起泡冰塊水，並在每顆蛋上以湯匙敲一個空隙放回水中，靜待 5 分鐘。

3 將蛋殼剝除後備用；紅玉茶和昆布一起放入茶包袋裡。

4 將醬汁和紅玉茶包一起放入小鍋中煮滾，放冷後加入步驟 2 的蛋，送進冰箱冷藏靜置一晚，隔天即可食用。

保存時間及方式：冷藏 3 ～ 4 日

蔬菜類常備菜

吃便當的時候會有一些除了主菜之外，讓人難以忘懷的配菜，就像味道稍重的主菜，搭配上清爽的配菜就能夠使主菜吃來饒富風味；就像異國料理的主菜，搭配舒服淡味的配菜，則能讓口中的負壓減輕。一個便當裡有當季時蔬的風味、有煎煮炒炸的烹調、有酸甜苦辣鹹的口味、有柔軟或酥脆的口感，各種搭配在便當裡的主、副菜，都可以因應每一個思考，而讓便當變得更有意思！

☆ 蔬菜

沖繩風山苦瓜炒板豆腐

食材 山苦瓜 150g、板豆腐 1 塊、午餐肉 2 小片、蛋兩顆

調味 醬油 1 大匙、鹽 1 小匙、糖 1 小匙

作法

1 山苦瓜剖半，去除中間的籽和白膜後切片；板豆腐以重物壓住去除水份；午餐肉切成粗條備用。

2 將蛋打入攪拌盆中攪拌均勻，鍋中放油，熱油後放入蛋液炒至半熟先撈起。

3 原鍋中倒一點點油，放入午餐肉粗絲，煎至焦香，再加入板豆腐和山苦瓜一起煎炒。

4 拌炒均勻後調味，稍微加蓋燜一下，即可撈出盛盤。

TiPS 調味時要先考慮到午餐肉的鹹度，所以不要一次下太多鹽和醬油喔！以免太鹹！

保存時間及方式：冷藏 2 日

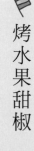

牛蒡佃煮

食材　牛蒡 150g、飲用水適量

調味　醬油 1 大匙、米酒 1 大匙、味醂 1 大匙、糖 1 小匙

作法

1　牛蒡以刀背刮除皮後，切段，放入飲用水中備用。

2　小鍋中放入調味料後，加入牛蒡，再倒入剛好蓋過牛蒡的少量飲用水。放上落蓋，再開小火燉煮至醬料收稠即可。

TiPS　牛蒡不需要拿削皮刀削，這樣會削掉皮上的營養成份。最好的方式是使用刀子的刀背輕輕刮除，保留一些口感是最好吃的喔！

保存時間及方式：冷藏 3 日

烤水果甜椒

食材　水果甜椒 5 ～ 6 顆、白芝麻少許

調味　鹽少許、黑胡椒粉適量、初榨橄欖油 1 大匙

作法

1　將水果甜椒洗淨，並以小刷子輕刷甜椒表面和頂部，無需去除蒂頭。

2　水果甜椒放入氣炸烤箱中，在甜椒上均勻撒上鹽和黑胡椒，並淋上橄欖油後，以 180 度烘烤 10 分鐘至上色。

3　把烤過後的甜椒取出，撒上少許白芝麻即可。

保存時間及方式：盡可能當日食用完畢

食材　地瓜 2 根（約 250g）、市售乳酪球 6 顆

調味　鮮奶油 40ml、鹽少許、黑胡椒粉少許

作法

1　地瓜削去外皮後，滾刀切塊，將切塊後的地瓜放入電鍋中
　　蒸熟備用。

2　取出地瓜放入攪拌盆中，趁熱拌入鮮奶油和鹽、黑胡椒，
　　一邊壓成泥狀，一邊仔細拌勻。

3　取保鮮膜，用湯匙取出約 35g 的地瓜泥放在保鮮膜上稍微
　　壓平，在地瓜泥裡放置一顆乳酪球後包裹起來，打開保鮮
　　膜後用湯匙取出放置保鮮盒裡即可。

保存時間及方式：冷藏 2 日

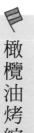

橄欖油烤綜合蔬菜

食材　球芽甘藍 10 ～ 15 顆（依大小不同及個人需求調整）、
　　　澳洲白玉馬鈴薯 2 顆、黃紅甜椒各 1 顆

調味　鹽、黑胡椒、冷壓初榨橄欖油

作法

1 澳洲白玉馬鈴薯不削外皮，先洗淨後擦乾，以微波爐微波
　6 分鐘至熟後，一顆切成四塊；球芽甘藍洗淨，切除底部
　硬塊後切半；甜椒去除蒂頭、中間薄膜及籽後切塊備用。

2 將所有蔬菜放入舖好烘焙紙的烤盤中，依
　個人口味撒上鹽、黑胡椒和橄欖油，送進
　烤箱中以 180 度烘烤 10 ～ 15 分鐘即可。

保存時間及方式：冷藏 2 日

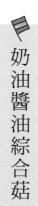

奶油醬油綜合菇

食材　鴻喜菇 1 包、雪白菇 1 包、金針菇 1 包

調味　醬油 1 大匙、奶油 15g、鹽少許、黑胡椒粉少許

作法

1 鴻喜菇、雪白菇去除菇腳後用手掰開成條備用；金針菇去
　除底部後手剝成絲。

2 鍋中不放油，先放入處理好的菇類，再將火開至中小火，
　慢慢的煸出菇中的香氣。

3 待鍋中菇類水份被煸出後（所有菇類都已柔軟出
　水），加入醬油和奶油、鹽、黑胡椒粉一同拌勻即可。

保存時間及方式：冷藏 2 日、冷凍 5 日

炸玉米竹輪

食材　玉米 1 根、竹輪 2 根、麵粉 2 大匙、蛋 1 顆

調味　鹽少許、黑胡椒粉少許、水 100 ～ 150ml、炸油適量

作法

1 將新鮮玉米以刨玉米粒的工具取下玉米粒，或是先以竹筷推出一排玉米粒後，用手慢慢剝除其餘的玉米粒；竹輪切成小丁備用。

2 將玉米粒和竹輪小丁一起放入攪拌盆中，打入蛋，加進麵粉和調味料後，再慢慢拌入適量的水，直至所有食材均勻和在一起即可。

3 鍋中倒入適量的油，加熱至油溫約 170 度，用湯匙將玉米粒麵糊放入鍋中炸至酥脆即可。

保存時間及方式：盡可能當天食用完畢

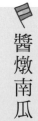

巴薩米可醋烤小番茄

食材 小番茄 250g

調味 巴薩米可醋 2 大匙、冷壓初榨橄欖油 3 大匙、
蜂蜜 3 大匙、糖 1 大匙、玫瑰鹽 0.5g、黑胡椒粉適量

作法

1 小番茄洗淨後,以餐巾紙拭乾。

2 將小番茄倒入攪拌盆中,加上調味料仔細拌勻後,在舖有
烘焙紙的烤盤中排列好。

3 放進烤箱以 180 度烘烤 10 分鐘即可。

4 冷卻後放入保鮮盒中,送進冰箱冷藏一
夜更加入味。

保存時間及方式:冷藏 3 日

醬燉南瓜

食材 栗子南瓜 1 顆、白芝麻少許

調味 醬油 2 大匙、味醂 2 大匙、水適量

作法

1 將栗子南瓜洗淨後去除蒂頭,並切大塊。

2 鍋中放入栗子南瓜和調味醬料後,以小火直接燉煮
至南瓜熟軟,起鍋後加入白芝麻增添風味即可。

保存時間及方式:冷藏 2 日

鯷魚炒球芽甘藍

食材　球芽甘藍 150g、油漬鯷魚 4 ～ 5 隻，水適量

調味　糖 1 小匙、黑胡椒粉適量

作法

1 將球芽甘藍洗淨，切除底部硬塊後切半備用；油漬鯷魚罐頭中取出鯷魚 4 ～ 5 隻，並保留少許的鯷魚油。

2 鍋中倒入些許食用油後加熱，放進球芽甘藍，並將其切面貼緊鍋面，煎至表面焦黃上色後翻面。

3 把球芽甘藍撥至鍋緣，在鍋中放入鯷魚拌炒至融化後，加入糖拌勻，並將鍋緣的球芽甘藍以及水一同拌炒即可。

保存時間及方式：冷藏 2 日

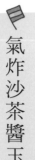

氣炸沙茶醬玉米

食材　新鮮玉米 2 根

調味　花生醬 15g、沙茶醬 15g、醬油 1 小匙、味醂 1 大匙、
　　　麻油 1 小匙、黑胡椒粉適量、糖 1 茶匙、辣椒粉 1 茶匙

作法

1　將新鮮玉米從中切半後再切半，一支玉米一切為四。

2　調味醬料攪拌均勻後備用。

3　將步驟 1 的玉米塊擺上舖有烘焙紙的
　　氣炸烤盤中，均勻塗上步驟 2 的醬料
　　後，送進氣炸烤箱以 180 度烤 20 分
　　鐘即可。

> 保存時間及方式：盡可能當天食用完畢

食材　洋蔥 1 顆、青椒 1 顆、黃甜椒 1 顆

調味　鹽麴 1 大匙、糖 1 小匙

作法

1　洋蔥去皮後切絲；青椒和黃甜椒去除蒂頭後，將裡面的膜
　　和籽取出後切絲。

2　煮一鍋滾水，放入步驟 1 的食材，快速汆燙後取出放入攪
　　拌盆中。

3　接著放入調味醬料，仔細拌勻即可。

> 保存時間及方式：冷藏 2 日

鹽麴拌三色蔬菜

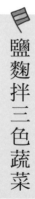

食材　秋葵 250g

調味　鹽 1 小匙、水適量

作法

1　將秋葵頭以小刀用削的方式削去粗皮，再將秋葵放置砧板上，撒上鹽磨擦去除絨毛。

2　鍋中放入適量的水煮滾後，加入一小匙鹽融化，再加進秋葵汆燙 3 至 4 分鐘至熟即可取出。

3　若需增加脆脆口感，可於滾水中取出後放入冰塊水中冰鎮。

保存時間及方式：冷藏 2 日

麻油輕拌小松菜

食材 小松菜 1 把、白芝麻少許

調味 麻油 1 大匙、蒜泥 1 小匙、糖 1 茶匙、鹽 1 小匙、
　　 醬油 1 大匙、烹大師昆布粉 1 小匙

作法

1 將小松菜去除底部根鬚後洗淨切段。

2 煮一鍋滾水，放入小松菜，快速汆燙後
　取出放入攪拌盆中。

3 在步驟 2 的小松菜裡放入調味醬料，仔
　細拌勻後撒上白芝麻即可。

保存時間及方式：盡可能當天食用完畢

紅蘿蔔炒蘆筍

食材 蘆筍 20g、紅蘿蔔 ½ 根、蒜頭 2 顆

調味 鹽少許、糖 1g、水 100ml

作法

1 將紅蘿蔔刨去外皮，以刨絲器將紅蘿蔔刨成細絲；蘆筍削
　去底部硬皮後切段；蒜頭去皮後切末。

2 鍋中倒入少許油，爆香蒜末，接著加入紅蘿蔔絲炒香後，
　放進切好的蘆筍一同拌炒，最後再加少許的水燜
　煮一下，待湯汁收足即可。

保存時間及方式：冷藏 2 日

鮪魚醬拌青花菜

食材　青花菜 1 顆、鹽 1 小匙

調味　油漬鮪魚醬 ½ 罐、鹽 1 茶匙、沙拉醬 1 大匙、
　　　糖 1 小匙

作法

1 將青花菜切成小塊，用刀削下粗皮，處理好的青花菜放入
　水中，以流動的水持續清洗至乾淨。

2 鍋中放入適量的水煮滾後，加入一小匙鹽融化，再放青花
　菜汆燙 3 至 4 分鐘至熟即可取出。

3 攪拌盆中放入調味醬料後拌勻，倒入煮過的青花菜仔細拌
　勻。

保存時間及方式：冷藏 2 日

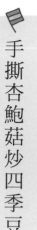

手撕杏鮑菇炒四季豆

食材　杏鮑菇 1 顆、四季豆 30g、水少許

調味　鹽少許、糖 1 小匙

作法

1　將杏鮑菇手撕成條；四季豆剝除粗絲後，切段備用。

2　鍋中倒入少許油，放入杏鮑菇拌炒至軟後，加進四季豆一同拌炒。

3　接著放入鹽和糖，拌炒均勻即可。

保存時間及方式：冷藏 2 日

食材　青花菜 1 顆

調味　鹽 1 小匙、水適量

作法

1　將青花菜切成小塊，再將粗皮以刀削下，處理好的青花菜放入水中，以流動的水持續清洗至乾淨。

2　鍋中放入適量的水煮滾後，加入一小匙鹽融化，再放青花菜汆燙 3 至 4 分鐘至熟即可取出。

保存時間及方式：冷藏 3 日

汆燙青花菜

乳酪拌青花菜

食材　青花菜 1 顆、市售馬札瑞拉乳酪塊 2 塊

調味　橄欖油 2 大匙、鹽少許、黑胡椒粉適量

作法

1　將青花菜切成小塊，再將粗皮以刀削下，處理好的青花菜放入水中，以流動的水持續清洗至乾淨。

2　鍋中倒入適量的水煮滾後，加入 1 小匙鹽融化（份量外），再放入青花菜汆燙 3 至 4 分鐘至熟即可取出。

3　將乳酪塊手剝成小塊後，和青花菜拌在一起，並加入調味料拌勻即可。

> 保存時間及方式：冷藏 2 日

柚子醬蜂蜜煮紅蘿蔔

食材　紅蘿蔔 1 根

調味　韓國柚子醬 1 大匙、蜂蜜 1 大匙、鹽 1 小匙、水適量

作法

1　紅蘿蔔去皮後刨成絲備用。

2　小湯鍋中倒入大約 ½ 的水量，加入柚子醬和蜂蜜、鹽，拌勻後煮滾，再加入紅蘿蔔以小火燉煮至入味，表面透明上色即可取出。

> 保存時間及方式：冷藏 3 日

奶油炒紅蘿蔔

食材　紅蘿蔔 1 根、無鹽奶油 20g

調味　鹽 1 小匙、黑胡椒粉適量、水少許

作法

1　紅蘿蔔去皮後以刨片器刨成長型片狀備用。

2　小鍋中放入無鹽奶油，融化後加入紅蘿蔔拌炒，以及鹽、黑胡椒調味後拌勻。

3　若是煮的中途紅蘿蔔較乾，最後加入少許的水拌勻即可。

> 保存時間及方式：冷藏 2 日

奶油炒玉米紅蘿蔔

食材　紅蘿蔔 1 根、玉米粒 60g、海苔粉適量、無鹽奶油 20g

調味　鹽 1 小匙、黑胡椒粉適量、水少許

作法

1 紅蘿蔔去皮後以刨絲器刨成絲、玉米罐頭濾乾水份後取出玉米粒備用。

2 鍋中放入無鹽奶油，融化後加入紅蘿蔔絲和玉米粒一同拌炒，添加少許的鹽調味後拌勻。若是煮的中途紅蘿蔔較乾，放少許的水拌勻即可。

3 最後撒上適量的海苔粉增加香氣即可。

保存時間及方式：冷藏 2 日

青龍椒佃煮

食材　青龍椒 1 盒（約 100g）、白芝麻少許

調味　醬油 1 大匙、味醂 1 大匙、米酒 1 大匙、糖 1 小匙

作法

1　取烘焙紙做成紙型落蓋後備用（請見下頁）

2　青龍椒洗淨後備用，尤其是蒂頭部份，以刷子仔細洗淨。

3　小鍋中放入調味料和青龍椒，並且蓋上紙型落蓋後，以小
　　火持續煮至入味，為避免燒焦，中途需不時開蓋拌勻。

4　煮好後取出撒上少許白芝麻。

保存時間及方式：冷藏 3 日

紙製落蓋的製作方式

Step 1
將烘焙紙摺成錐型後，和小鍋以圓心為主比對大小。

Step 2
將錐型烘焙紙邊緣以剪刀剪出小三角形。

Step 3
形成如圖有小角的錐形狀。

Step 4
將錐型烘焙紙上緣剪一個圓弧。

Step 5
將烘焙紙攤開後即成一紙型落蓋，可直接壓入鍋中。

食材　紅甜椒 1 顆、奶油 1 小塊

調味　巴薩米可醋 1 大匙、糖 1 小匙、鹽 1 小匙

作法

1 紅甜椒去除蒂頭，順著紅甜椒邊下刀，剝開後去除白膜和籽。

2 將紅甜椒切成細絲。

3 在小鍋中放 1 小塊奶油，倒入紅甜椒絲拌炒至熟，再加入巴薩米可醋、糖、鹽拌炒均勻即可。

保存時間及方式：冷藏 3 日

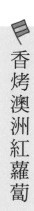

食材　澳洲紅蘿蔔 200g、奶油 15g、橄欖油 10ml

調味　鹽 1 茶匙、糖 1 茶匙、黑胡椒粉適量

作法

1 將澳洲紅蘿蔔洗淨後擦乾，切厚片後排入放有烘焙紙的烤盤上。

2 加入奶油、橄欖油和調味料拌勻後，放入烤箱以 180 度烘烤 15 分鐘即可。

保存時間及方式：冷藏 2 日

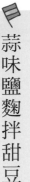

蒜味鹽麴拌甜豆

食材　甜豆莢 100g

調味　鹽麴 1 大匙、蒜泥 2g、糖 1 茶匙

作法

1　甜豆莢手剝去除粗絲後，放入滾水中
　　汆燙至熟。

2　將甜豆取出後，拌入調味料即可。

保存時間及方式：冷藏 2 日

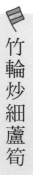

竹輪炒細蘆筍

食材　竹輪 3 個、細蘆筍 1 把、蒜仁 1 顆

調味　鹽 1 茶匙、糖 1 茶匙、水適量

作法

1　將竹輪切成粗條、細蘆筍刨去底部粗絲後洗淨切段、蒜仁
　　切成蒜末。

2　鍋中倒入少許油，加蒜末炒香後，放入竹輪先煎炒出香
　　氣。

3　最後放入細蘆筍，加調味料後拌炒均勻即可。

保存時間及方式：冷藏 2 日

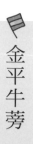

金平牛蒡

食材　牛蒡 150g、紅蘿蔔 ½ 根、白芝麻少許

調味　醬油 1 大匙、米酒 1 大匙、味醂 1 大匙、糖 6g、
　　　麻油 1 小匙

作法

1　牛蒡以刀背削掉部份髒污的牛蒡皮後，切絲泡水備用；紅
　　蘿蔔去除外皮，切成細絲。

2　鍋中倒入少許油，先放紅蘿蔔炒香炒軟後，再放牛蒡一同
　　拌炒，接著倒進醬油、米酒、味醂、糖，一同煨煮收汁後
　　關火，最後加入麻油拌勻。

3　盛盤時撒上白芝麻增添香氣。

保存時間及方式：冷藏 3 日

海苔粉拌奶油柳松菇

食材　柳松菇 1 包、奶油 15g、海苔粉適量

調味　鹽少許、黑胡椒粉少許

作法

1 柳松菇去除底部菇腳後，手剝成絲。

2 鍋中加入奶油融化後，放進柳松菇拌炒至完全吸附奶油，並且軟化。

3 撒入海苔粉拌勻即可。

保存時間及方式：冷藏 2 日

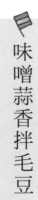

味噌蒜香拌毛豆

食材　冷凍毛豆 30g、白芝麻 2g

調味　味噌 1 小匙、蒜泥 2g、糖 1 茶匙

作法

1 煮一鍋滾水，毛豆放入後汆燙 1 分鐘取出。

2 攪拌盆中放入調味料，加入毛豆和白芝麻後迅速拌勻即可。

保存時間及方式：冷藏 3 日

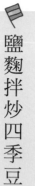

鹽麴拌炒四季豆

食材　四季豆 60g、蒜仁 1 顆

調味　鹽麴 1 小匙、糖 1 茶匙

作法

1 將四季豆的粗絲剝除，切成段；蒜仁切成蒜末。

2 鍋中倒入少許油拌炒蒜末和四季豆，加入鹽麴、糖、適量的水，加蓋燜煮至熟即可。

保存時間及方式：冷藏 2 日

食材　櫛瓜 1 條、奶油 15g

調味　鹽少許、黑胡椒粉少許、起司粉少許

作法

1 櫛瓜洗淨後，以波浪刀依 1 公分左右的厚度切片。

2 鍋中加入奶油融化後，放入櫛瓜片煎至上色。

3 撒上鹽、黑胡椒及起司粉調味即可。

保存時間及方式：盡可能當天食用完畢

奶油煎櫛瓜

孜然風味炒蔬菜

食材　玉米筍 3 ～ 4 根、細蘆筍 1 把（約 50g）

調味　孜然粉 1 小匙、鹽 1 小匙、糖 1 小匙、黑胡椒粉適量、
　　　水少許

作法

1　玉米筍洗淨後斜切成段；蘆筍洗淨，切除底部粗糙部位後
　　切段。

2　鍋中倒入少許油，放進玉米筍和細蘆筍後拌炒，接著撒上
　　孜然粉、鹽和糖、黑胡椒粉，拌炒均勻後加入少許水，加
　　蓋等待入味。

3　收汁完成後再仔細拌勻即可。

保存時間及方式：冷藏 2 日

醃漬及涼拌常備菜

一個便當裡的配菜很多，但在便當裡的那一口酸甜，有時候真的就是解救了疲累的味蕾。經過適當醃漬入味的蔬菜，可以在便當中起到提味、開胃的重要作用。要在便當中加入涼拌菜時，可以利用小小的分隔盒來分裝，加入一點點的酸甜醬汁，可增添便當風味。

涼拌風琴小黃瓜

食材 小黃瓜 2 條

調味 蘋果醋 100ml、糖 40g、甜菊梅 2 顆

作法

1 在小黃瓜的兩側各放一根筷子，用刀以 0.2 公分的間距將其橫切而不切斷。

2 將小黃瓜翻面，用刀以 0.2 公分的間距在小黃瓜上以 45 度角斜切。

3 將小黃瓜拉開時可以像彈簧般拉開。

4 以適當的間距將小黃瓜切段。

5 將小黃瓜泡入調味醋汁中，冷藏一晚後即可食用。

保存時間及方式：冷藏 5 日

韓式涼拌黃豆芽

食材　黃豆芽 1 包（約 250g）、白芝麻少許

調味　韓式辣椒粉 10g、麻油 1 小匙、糖 1 小匙、醬油 1 小匙

作法

1 黃豆芽洗淨後，摘去底部芽根，讓每一根黃豆芽都是漂亮的白色。

2 煮一鍋滾水，鍋中放 1 大匙鹽（份量外），倒入黃豆芽燙熟後取出備用。

3 在攪拌盆中放入調味料和黃豆芽後，仔細拌勻，放置 10 分鐘入味即可。

保存時間及方式：冷藏 3 日

鹽漬珠蔥

食材　珠蔥 1 把

調味　鹽 1 小匙（約 3g）、糖 1 小匙、蘋果醋 1 小匙

作法

1 將珠蔥洗淨後，去除底部鬚鬚，以廚房紙巾拭乾表面。

2 將珠蔥切段後拌入調味，放置約 30 分鐘入味即可食用。

保存時間及方式：冷藏 3 日

油漬鮮菇

食材　鴻喜菇 1 包、杏鮑菇 2 根、或其他喜歡的菇類皆可

調味　冷壓初榨橄欖油 3～4 大匙、鹽少許、黑胡椒粉少許、
　　　蒜泥 3g

作法

1 杏鮑菇順著纖維手撕成條、鴻喜菇去除菇腳後手剝成條備
　用。

2 鍋中不放油，直接放入所有的菇菇，開中小火慢慢將菇類
　逼出水份。

3 菇菇們軟化並且出水、飄出香氣後，拌入調味料即可。

4 若是油脂量不夠，可將冷壓初榨橄欖油加量至和菇類一樣
　多。

　保存時間及方式：冷藏 5 日

食材　新鮮鳳梨 100g、木耳 10g、薑 1 小塊、白芝麻少許

調味　苦茶油 2 大匙、醬油 1 大匙、蒜泥 1g、麻油 1 小匙、
　　　檸檬汁 1 大匙

作法

1　將新鮮鳳梨切小塊、木耳切絲、薑去皮後切絲。

2　小鍋中將水煮沸，加入木耳燙熟後取出。

3　鳳梨、木耳、薑絲及調味料一起放入攪
　　拌盆中攪拌均勻，視個人口味調整鹹度。

4　完成後撒上白芝麻即可。

保存時間及方式：冷藏 2 日

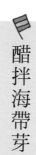

食材　乾燥海帶芽 30g、白芝麻少許

調味　蘋果醋 4 大匙、麻油 1 大匙、糖 1 大匙、鹽少許、
　　　醬油 1 大匙

作法

1　乾燥海帶芽先以水泡開後，擠乾水份備用。

2　將擠乾水份的海帶芽拌入調味料，依個人口味調整鹹度。

3　拌勻後放置冰箱冷藏 10 分鐘會更入味。

4　取出食用時撒上白芝麻即可。

保存時間及方式：冷藏 5 日

蜂蜜醋漬紅白蘿蔔

食材 紅蘿蔔 1 根、白蘿蔔 1 根

調味 蜂蜜 4 大匙、蘋果醋 3 大匙、陳年梅 3 顆

作法

1 將紅蘿蔔及白蘿蔔各削皮後，切成厚度約 1 公分左右的厚片；將調味料混合後備用。

2 以花的模具將紅白蘿蔔壓出花型，以刀具刻出花型立體花紋，再撒上少許的鹽（份量外）攪拌，靜置 20 分鐘去除澀味。

3 以飲用水清洗步驟 2 紅白蘿蔔，再與調味料一同放入保鮮盒中，置於冰箱一晚入味即可食用。

* 蘿蔔刻花可參考 P.31 的作法

保存時間及方式：冷藏 5 日

食材 青江菜 1 把（約 200g）

調味 美乃滋 1 大匙、芥末籽 1 小匙、鹽少許、糖 1 茶匙、醬油 1 小匙

作法

1 青江菜去除底部後洗淨，以滾水汆燙至熟後濾水備用。

2 攪拌盆中加入青江菜和調味料，仔細拌勻即可。

保存時間及方式：冷藏 2 日

美乃滋芥末籽拌青江菜

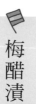

梅醋漬紫高麗菜

食材　紫高麗菜 ¼ 顆、白蘿蔔 ½ 顆

調味　糖 4 大匙、蘋果醋 3 大匙、甜菊梅 3 顆、梅粉 1 大匙

作法

1　將白蘿蔔削皮後，切成厚度約 1 公分左右的厚片；紫高麗菜切絲備用。

2　以花的模具將白蘿蔔壓出花型，並用刀具刻出花型立體花紋，再撒上少許的鹽（份量外）攪拌後，靜置20分鐘去澀。

3　以飲用水清洗步驟 2 的白蘿蔔，再與調味料和紫高麗菜一同放入保鮮盒中，置於冰箱冷藏一晚入味即可食用。

4　若希望白蘿蔔可以保持粉嫩的粉紅色，在浸泡後約 20 分鐘可提前取出，另外放置即可。

保存時間及方式：冷藏 5 日

肉類常備菜

可以是主菜也可以是配菜！我們家的肉類常備菜其實也
沒有很常備，幾乎都是假日順手做好冰在冰箱，然後幾
天內就會被大白配酒吃掉的下酒菜，哈！但是這些肉類
的常備菜放在冰箱裡，可以讓不知道該煮什麼便當菜的
早晨，多一點變化的機會，若是已經想好了主菜的內容，
肉類的常備菜也能夠當一個小小的稱職配角，只要好好
運用，也能讓便當變得更豐富！

辣味噌風味肉末

食材　豬絞肉 200g、蒜頭 2 顆、白芝麻少許

調味　味噌 1 大匙、韓國苦椒醬 1 大匙、醬油 1 小匙、
　　　糖 1 小匙、麻油 1 小匙、水適量

作法

1 蒜頭切末，並將調味料混合均勻。

2 鍋中放入少許油，加入豬絞肉後，用煎鏟仔細將絞肉撥
散，並炒至微焦斷生。

3 加入蒜末及調味料，開中火拌炒均勻，若是
水量不夠、絞肉太乾，再依收汁情況放入少
量的水，直至肉醬維持溼潤柔軟。

4 起鍋後撒上少許白芝麻裝飾即可。

保存時間及方式：冷藏 3 日

食材　松阪豬 1 片、裝飾芝麻少許

調味　鹽麴 1 大匙、味噌 1 大匙、飲用水 1 大匙、米酒 1 大匙、
　　　糖 1 小匙、麻油 1 小匙

作法

1 將調味料拌勻後，加入整片松阪豬醃漬 1 小時以上。

2 將醃好的松阪豬取出後，以餐巾紙略微擦乾，放上烤盤，
並以 200 度烤 15 分鐘至完全熟成上色。

3 松阪豬最後再切片食用保持原味。

保存時間及方式：冷藏 2 日

味噌烤松阪豬肉

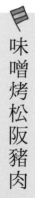

啤酒香菇滷肉

食材　長型豬五花肉 2 塊（約 350g）、鈕扣菇 20 顆

調味　啤酒 1 罐、八角 1 顆、月桂葉 2 片、白胡椒粉適量、
　　　醬油 2 大匙、糖 1 大匙、水適量

作法

1 將鈕扣菇略微洗淨後，放入小碗中，加入適量溫水浸泡
　15 分鐘，取出香菇切成小丁（香菇水留存）；長型豬五
　花縱切成小段後備用。

2 取一陶鍋或鑄鐵鍋，加入豬五花肉條煸熟後，放入乾香菇
　丁一同拌炒至均勻。

3 鍋中倒入啤酒和醬油、糖、水、白胡椒粉，並加入八角及
　月桂葉。

4 煮開後撈除浮沫，加蓋以小火燉煮 40 分鐘至滷肉柔軟。

保存時間及方式：冷藏 3 日

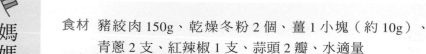

食材 豬絞肉 150g、乾燥冬粉 2 個、薑 1 小塊（約 10g）、
　　 青蔥 2 支、紅辣椒 1 支、蒜頭 2 瓣、水適量

調味 醬油 2 大匙、蠔油 1 大匙、糖 1 小匙、鹽少許、
　　 麻油 1 小匙、米酒 1 大匙、黑醋 1 大匙

作法

1 將乾燥冬粉泡在水中軟化，接著用剪刀剪成小段；青蔥洗
　淨後切成蔥花（分為蔥白及蔥綠）；薑切末、蒜頭去膜後
　切末、辣椒以輪切方式切片備用。

2 鍋中加入少許油、豬絞肉，以中小火拌炒至微焦斷生，接
　著放蔥白、薑末及蒜末一同拌炒，倒入調味料後，依鍋中
　炒料程度加些適量的水。

3 步驟 2 煮滾後，加入冬粉拌勻，讓冬粉吸足湯汁後，撒入
　蔥綠拌勻即可。

保存時間及方式：冷藏 2 日

媽媽的螞蟻上樹

日式燒肉醬烤雞小腿

食材　雞翅 6 支、雞小腿 6 枝、白芝麻少許

調味　日式燒肉醬 2 大匙、麻油 1 小匙、糖 1 小匙、
　　　辣椒粉 1 小匙

作法

1　雞翅和雞小腿洗淨後擦乾，調味料拌勻
　　後，加入雞翅和雞小腿醃漬 30 分鐘。

2　取出醃漬好的雞翅和雞小腿，放入烤
　　盤，進烤箱以 180 度烤 15 分鐘至熟（中
　　途記得翻面）。

保存時間及方式：冷藏 3 日

奶油蔥燒雞腿肉

食材　去骨雞腿排 3 片、青蔥 3 支、奶油 2 小塊

調味　鹽少許、黑胡椒粉適量、醬油 1 小匙

作法

1　將去骨雞腿排切大塊、青蔥切段備用。

2　雞腿排加鹽和黑胡椒粉拌勻，醃漬 10 分鐘。

3　鍋中不放油，將雞皮朝下煎至表面酥脆，翻面續煎後，以
　　餐巾紙擦拭多餘的雞油，並加入青蔥段一同拌炒。

4　炒至青蔥香氣出來後，加入奶油和醬油續炒至奶油
　　融化拌勻即可。

保存時間及方式：冷藏 3 日

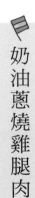

煎花生醬風味雞里肌肉

食材　雞里肌肉 150g、堅果 20g

調味　花生醬 1 大匙、鹽 1 小匙、牛奶 30 毫升

作法

1　將雞里肌肉擦乾，加入花生醬、鹽、牛奶，仔細拌勻後醃漬 20 分鐘。

2　以食物處理器將堅果打成碎屑，可適度保留堅果口感。

3　鍋中倒入少許的油，放入醃好的雞里肌肉，煎至表面上色後翻面續煎，直至雞里肌肉熟成。

4　取出後，在雞里肌肉上撒上步驟 2 中的堅果碎屑即可。

保存時間及方式：冷藏 3 日

辣味堅果雞腿肉

食材　去骨雞腿排 3 片、無調味什錦堅果 20g

調味　韓國苦椒醬 1 大匙、鹽麴 1 小匙、醬油 1 大匙、蜂蜜少許

作法

1　攪拌盆中放入苦椒醬、鹽麴、醬油、蜂蜜攪拌均勻後，放入切成長條狀的雞腿排醃漬 30 分鐘左右；什錦堅果用食物處理器打至呈現大小不一的碎屑。

2　烤盤放置烘焙紙，放上醃好的雞腿肉，進烤箱以上火 220 度、下火 200 度烤 20 分鐘（氣炸烤箱 180 度 15 分鐘，中途請記得翻面）。

3　烤好後取出，拌入堅果即可。

保存時間及方式：冷藏 3 日

韓式辣味豆芽菜雞絲

食材　雞胸肉 1 塊、黃豆芽 1 包、白芝麻少許

調味　韓國辣椒粉（粗粉）1 大匙、醬油 1 大匙、麻油 1 大匙、鹽適量、糖 1 小匙、蘋果醋 1 小匙

作法

1　煮一鍋水，水中加 1 小匙鹽（份量外），水煮滾後放入雞胸肉，關火加蓋燜 20 分鐘（依雞胸肉大小重量不同，請適量增減燜的時間）後，取出雞胸肉手剝成絲。

2　另起一鍋滾水加鹽，汆燙洗淨的黃豆芽至熟。

3　在攪拌盆中加入所有調味料，依個人口味來調整辣度及鹹度。

4　攪拌盆中放入汆燙好的黃豆芽、雞胸肉絲，和調味料仔細拌勻後，撒上適量的白芝麻即可。

保存時間及方式：冷藏 2 日

食材　雪花牛肉片 1 盒（約 200g）、菠菜 1 包

調味　鹽少許、日式燒肉醬 1 大匙、糖 1 小匙、水 100ml

作法

1　菠菜去除根部長鬚，並且洗淨後切段；雪花牛肉片分開後，以兩片互疊，並撒上少許的鹽；日式燒肉醬和糖、水混合成燒肉醬備用。

2　煮一鍋水，水中加 1 大匙鹽及少許油（份量外），放入步驟 1 中的菠菜汆燙 30 秒至軟。

3　取出菠菜後略微放涼，並以手擠出水份，分成一團一團。

4　將步驟 3 的菠菜放入雪花牛肉片後捲起來。

5　平底鍋中放少許油（份量外），將牛肉捲的接合處朝下，以中小火煎至整個表面上色後，再倒入燒肉醬收汁至濃稠即可。

保存時間及方式：冷藏 3 日

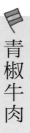

食材　牛肉絲 150g、青椒 3 顆、辣椒 ½ 根、蒜頭 2 瓣

醃料　蛋白 1 顆、鹽少許、沙茶醬 1 小匙、醬油 1 小匙、
　　　麻油 1 小匙

調味　鹽少許、黑胡椒粉適量、沙茶醬 1 大匙、蠔油 1 小匙、
　　　米酒 1 大匙、水適量

作法

1　青椒去除蒂頭及白色內膜，並切絲備用；蒜頭切末、辣椒
　　以輪切方式切片。

2　將牛肉絲加入醃料拌勻後，醃漬 10 分鐘備用。

3　鍋中倒入少許油（份量外），將醃好的牛肉絲放入鍋中拌
　　炒至變色後取出。

4　原鍋倒入蒜末和辣椒，並和青椒絲一同拌炒至軟後，加入
　　步驟 3 的牛肉和調味料拌炒，視個人喜好添加適量的水調
　　整濕潤度。

5　起鍋盛盤即可。

保存時間及方式：冷藏 2 日

魚蝦貝類常備菜

平時我們家餐桌上、便當裡，很常出現的是市場的新鮮魚蝦，或是美式大賣場購入的冷凍魚蝦，新鮮的魚通常會一次購入後就分裝冷凍，在一週內吃完；大賣場購入的冷凍魚蝦，則是分裝成固定一餐的份量冷凍，每次只取出當餐需要料理的份量出來。貝類的海鮮若是退冰了，就是當天吃完，所以放在便當裡的干貝或是帆立貝，都是一大早新鮮煎好後裝便當。有時候便當裡有適當的海鮮出現，可以增加豐富度，也能讓吃的人覺得更飽足喔！

食材 生食級干貝 12 顆、喜歡的生菜適量、奶油 5g

柚子胡椒味噌醬

柚子胡椒 1 大匙、味噌 1 大匙、水 1 大匙、糖少許、
醬油 1 小匙

作法

1 將干貝以餐巾紙略微拭乾、生菜洗淨脫水、柚子胡椒味噌
  醬拌勻備用。

2 鍋中倒入奶油融化，放入干貝煎至表面
  上色後翻面續煎。

3 將步驟 2 的干貝取出後放在生菜上，淋
  上柚子胡椒味噌醬後即可。

保存時間及方式：建議當日食用完畢

食材 冷凍帶尾蝦仁 12 尾、奶油 5g

調味 鹽少許、黑胡椒粉少許、義大利香料 1 小匙

作法

1 帶尾蝦仁退冰後沖洗二至三次，再將水擦乾；小鍋中放入
  奶油融化。

2 加入蝦仁煎至變色後，撒上鹽和黑胡椒、義大利香料

保存時間及方式：建議當日食用完畢

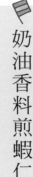

蘑菇蝦仁炒蛋

食材　蘑菇 10 朵、蝦仁 6 ～ 7 尾、蛋 3 顆、蒜頭 2 瓣、
　　　青蔥 1 支

調味　鹽 1 小匙、黑胡椒粉少許、美奶滋 1 大匙

作法

1　蘑菇拭淨後切薄片、青蔥切成蔥花、蒜頭切末、蝦仁撒上
　　少許鹽（份量外）醃漬。

2　將蛋打入攪拌盆中，加入美奶滋、鹽和黑胡椒粉拌勻。

3　鍋中放入少許油（份量外），將蝦仁煎至變色後取出。

4　原鍋中再倒入一大匙油（份量外），將蒜末、蘑菇片乾煸
　　至蘑菇香氣四溢，加入步驟 2 的蛋液拌炒至半熟，接著放
　　入蝦仁一同拌炒後，灑上蔥花拌勻即可。

保存時間及方式：建議當日食用完畢

芹菜炒小卷

食材　小卷 2 條、芹菜 2 根、紅甜椒 1 個、蒜頭 2 瓣

調味　鹽麴 1 大匙、糖 1 小匙、酒 1 小匙

作法

1　小卷清理：將小卷頭部眼睛剪除後洗淨，拔出頭部清理內臟；拔除軟骨後，將內部及頭部洗淨，切段成為小卷圈。

2　芹菜剝除芹菜葉，留下芹菜根；甜椒切除蒂頭後，剝去內部白膜及籽，將甜椒切成細絲；蒜頭去膜後切片備用。

3　鍋中倒入少許油（份量外），加入蒜片以小火煸香，再放芹菜和甜椒絲一同炒香。

4　約 1 分鐘後加入小卷圈和調味料，充份拌炒至小卷圈變色即可。

保存時間及方式：冷藏 2 日

帆立貝炒甜豆

食材 冷凍帆立貝 200g、甜豆 50g、奶油 5g、食用油少許

調味 鹽麴 1 小匙、糖 1 小匙、醬油 1 小匙、水適量

作法

1 用手剝除甜豆的粗絲後洗淨備用;冷凍帆立貝退冰後以餐巾紙略微拭乾備用。

2 小鍋中放入奶油和食用油融化,加入帆立貝煎至表面焦香後取出,原鍋再倒入甜豆拌炒。

3 步驟 2 中加入少許的水將甜豆煮熟後,放入帆立貝、鹽麴、糖和醬油拌勻即可。

保存時間及方式:建議當日食用完畢

烤鹽麴鮭魚

食材　輪切鮭魚 1 片、白芝麻少許

醃料　鹽麴 1 大匙、醬油 1 小匙、糖 1 小匙、清酒 1 小匙

作法

1 鮭魚以醃料塗抹後，靜置 20 分鐘。

2 將鮭魚上的醃料略微拭淨，送進烤箱以 180 度烤 7 分鐘後，翻面續烤 8 分鐘。

保存時間及方式：冷藏 3 日

食材　鱸魚片 3 ～ 4 塊、奶油 10g

調味　鹽 ½ 小匙、黑胡椒粉少許、義大利香料粉適量

作法

1 鱸魚片退冰後以餐巾紙略微拭乾。

2 鍋中放入奶油融化後，鱸魚片以魚皮朝下煎至上色，再翻面續煎，撒上調味料即可。

保存時間及方式：冷藏 3 日

煎奶油鱸魚片

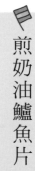

水煮鯖魚片

食材　冷凍鹽漬鯖魚片 2 片、薑 10g、水 500ml

醃料　米酒 1 大匙、鹽少許

作法

1 將冷凍鹽漬鯖魚片退冰後切片；薑切成薑片。

2 取一鍋放入水、薑片煮滾後，加入鯖魚片和米酒、鹽一起
煮至魚肉變色，即可取出放涼。

保存時間及方式：冷藏 2 日

媽媽便當店：

超人氣料理140+自由配！今天減醣菜、明天造型餐、野餐也OK，網路詢問度最高的美味便當食譜

作　　者	蘇菲	製版印刷	凱林彩印股份有限公司
責任編輯	李素卿	初版 1 刷	2022年3月
版面編排	江麗姿	初版 6 刷	2024 年 8 月
封面設計	走路花工作室	ISBN	978-986-0769-30-2／定價　新台幣 450 元
資深行銷	楊惠潔		
行銷主任	辛政遠		
通路經理	吳文龍		
總編輯	姚蜀芸		
副社長	黃錫鉉		
總經理	吳濱伶		
發 行 人	何飛鵬		
出　　版	創意市集 Inno-Fair		

Printed in Taiwan
版權所有，翻印必究

出　　版　　創意市集 Inno-Fair
　　　　　　城邦文化事業股份有限公司
發　　行　　英屬蓋曼群島商家庭傳媒股份有限公司
　　　　　　城邦分公司
　　　　　　115台北市南港區昆陽街16號8樓

※廠商合作、作者投稿、讀者意見回饋，請至：
創意市集粉專 https://www.facebook.com/innofair
創意市集信箱 ifbook@hmg.com.tw

城邦讀書花園　http://www.cite.com.tw
客戶服務信箱　service@readingclub.com.tw
客戶服務專線　02-25007718、02-25007719
24小時傳真　02-25001990、02-25001991
服務時間　週一至週五9:30-12:00，13:30-17:00
劃撥帳號　19863813　戶名：書虫股份有限公司
實體展售書店　115台北市南港區昆陽街16號5樓
※如有缺頁、破損，或需大量購書，都請與客服聯繫

香港發行所　　城邦（香港）出版集團有限公司
　　　　　　　香港九龍土瓜灣土瓜灣道86號
　　　　　　　順聯工業大廈6樓A室
　　　　　　　電話：(852) 25086231
　　　　　　　傳真：(852) 25789337
　　　　　　　E-mail：hkcite@biznetvigator.com

馬新發行所　　城邦（馬新）出版集團Cite (M) Sdn Bhd
　　　　　　　41, Jalan Radin Anum, Bandar Baru Sri Petaling,
　　　　　　　57000 Kuala Lumpur, Malaysia.
　　　　　　　電話：(603)90563833
　　　　　　　傳真：(603)90576622
　　　　　　　Email：services@cite.my

國家圖書館出版品預行編目資料

媽媽便當店：超人氣料理140+自由配！今天
減醣菜、明天造型餐、野餐也OK，網路詢問
度最高的美味便當食譜/ 蘇菲著；-- 初版 -- 臺
北市；創意市集・城邦文化出版／英屬蓋曼群
島商家庭傳媒股份有限公司城邦分公司發行，
2024.08
　面；公分
ISBN 978-986-0769-30-2（平裝）
1.食譜

427.17　　　　　　　　　　　　110012663